普通高等教育智慧海洋技术系列教材

海洋电磁学

主 编 姜 弢 张大维 李迎松

科学出版社

北 京

内 容 简 介

本书全面涵盖海洋电磁学的基础理论与实际应用内容。在基础理论部分，从基本概念、发展历程，到电磁场与电磁波核心知识，都有细致讲解。在实际应用方面，本书不仅深入探讨了电磁波在海洋不同场景下的传播特性，及其在海洋通信、探测等领域的应用，还介绍了数值计算方法及其应用案例。本书编排合理，由浅入深，注重数理融合，通俗易懂。

本书可作为普通高等院校电子信息类和海洋工程类相关专业的本科生教材，也可供相关领域从业者阅读，为其提供学习参考与实践思路。

图书在版编目（CIP）数据

海洋电磁学 / 姜弢，张大维，李迎松主编. -- 北京：科学出版社，2025.6. --（普通高等教育智慧海洋技术系列教材）. --ISBN 978-7-03-081706-8

Ⅰ.P733.6

中国国家版本馆CIP数据核字第2025VQ6496号

责任编辑：陈　琪 / 责任校对：王　瑞
责任印制：师艳茹 / 封面设计：马晓敏

科学出版社 出版
北京东黄城根北街16号
邮政编码：100717
http://www.sciencep.com

三河市骏杰印刷有限公司印刷
科学出版社发行　各地新华书店经销

*

2025年6月第　一　版　开本：787×1092　1/16
2025年6月第一次印刷　印张：10
字数：238 000

定价：59.00元
（如有印装质量问题，我社负责调换）

前　言

海洋强国是中华民族伟大复兴的必由之路，建设海洋强国离不开海洋科技自立自强。以人工智能、大数据为代表的新一代信息技术，正在深刻变革着人类认识海洋、开发海洋、经略海洋的模式。智慧海洋技术包含的海洋智能感知、海洋大数据、海洋智能系统等技术，将成为海洋科技的核心内涵。智慧海洋技术本质上是人工智能、海洋科学、海洋工程的交叉融合，涵盖了信息的产生、获取、传输、管理和利用等方面。其中，海洋电磁学是智慧海洋技术领域的重要方向之一，主要研究海洋环境下电磁信息的产生及传输机理，详细探讨了电磁波在海洋环境中的传播规律及其应用。

本书面向智慧海洋技术领域高素质、复合型人才培养的迫切需求，依托哈尔滨工程大学的工业和信息化部"十四五"规划教材研究基地，旨在培养具有学科专业交叉知识、自主学习与实践创新能力、深厚文化底蕴与广阔国际视野，能适应未来船海产业发展与科技创新的新工科人才。

本书共5章，涵盖了海洋电磁学理论的诸多方面。

第1章为引言，详细介绍海洋电磁学这一复杂而重要的科学领域。通过介绍海洋电磁学的基本概念、理论方法和实际应用，读者可以初步了解这一学科在海洋资源勘探和环境监测等方面的重要性。

第2章为电磁学基本知识，旨在为读者奠定电磁学基础。通过对电场、磁场、麦克斯韦(Maxwell)方程组及电磁波的产生与传播等内容的学习，读者可以理解海洋电磁现象所需的基本理论。

第3章为海面电磁波传播，深入探讨电磁波在海洋表面环境中的传播特性。通过分析海面电磁环境，海面电磁波的反射、散射、折射和衰减特性，以及大气对沿海面电磁波传播的影响，读者可以了解海面电磁波传播的复杂性及其实际应用。

第4章为海水中电磁波传播，聚焦于海水中的电磁波传播。通过研究海水中的电磁环境、电磁波的衰减特性、噪声干扰和复杂海洋环境对电磁波传播的影响，读者可以深入理解水下电磁通信和探测技术。

第5章为海洋电磁学中的数值方法，介绍数值计算在海洋电磁学中的应用。通过学习有限差分法、有限元法和矩量法等数值方法，读者将掌握解决实际问题的数值分析技巧。

为强化读者对知识的理解，本书融入视频内容，可扫描书中二维码进行学习。除此之外，编者依托智慧树平台构建"海洋电磁学"AI课程(免登录网址：http://t.zhihuishu.com/pEODXGMG)，提供课程图谱、问题图谱与能力图谱等，供读者从多维度、多层面理解知识点。

知识图谱
学习演示

读者应学好电磁场理论，以应对专业中最基本的电磁场问题。由于海洋电磁学这门课程处于学科交叉点，学习它有助于提升学生在交叉学科中的创新能力。

由于编者学识所限，书中疏漏之处在所难免，恳请广大读者批评指正。

编　者
2024年12月

目 录

第1章 引言 ·········· 1
1.1 海洋电磁学研究意义 ·········· 1
1.2 海洋电磁学历史回顾 ·········· 2
1.3 海洋电磁学现状分析 ·········· 5
1.3.1 学科交叉 ·········· 5
1.3.2 应用领域 ·········· 9
1.3.3 研究热点 ·········· 10
1.4 海洋电磁学研究难点 ·········· 13
1.4.1 海洋环境对电磁波传播的影响 ·········· 13
1.4.2 海洋电磁研究面临的挑战及对策 ·········· 18
1.4.3 研究潜在突破方向 ·········· 21
思考题 ·········· 23

第2章 电磁学基本知识 ·········· 24
2.1 电磁场基本概念和定义 ·········· 24
2.1.1 电磁场中的基本物理量 ·········· 24
2.1.2 静态电磁场 ·········· 26
2.1.3 电磁场的边界条件 ·········· 29
2.1.4 时变电磁场 ·········· 32
2.2 电磁波的产生与传播 ·········· 35
2.2.1 电磁波的产生 ·········· 35
2.2.2 电磁波的波动方程及其解 ·········· 38
2.2.3 自由空间中的均匀平面波 ·········· 40
2.2.4 电磁波的极化 ·········· 41
2.3 电磁波与物质的相互作用 ·········· 43
2.3.1 物质对电磁波的吸收 ·········· 43
2.3.2 均匀平面波在典型媒质中的传播 ·········· 45
2.3.3 平面波的反射与透射 ·········· 50
2.3.4 电磁波的散射与衍射 ·········· 55
2.4 传输线与波导 ·········· 58
2.4.1 传输线模型 ·········· 58
2.4.2 传输线特性 ·········· 62
2.4.3 典型传输线 ·········· 64
2.4.4 波导理论 ·········· 67
2.5 天线基础知识 ·········· 69
2.5.1 基本概念 ·········· 69

2.5.2　天线参数 70
　　2.5.3　基本原理 74
思考题 77

第3章　海面电磁波传播 78
3.1　海面电磁环境 78
　　3.1.1　海水的电磁特性 78
　　3.1.2　海面粗糙度 80
　　3.1.3　海面形态及建模 81
3.2　海面电磁波的传播特性 83
　　3.2.1　海面反射 83
　　3.2.2　海面散射 84
　　3.2.3　海面折射 85
　　3.2.4　衰减特性 85
　　3.2.5　海面电磁波传播的影响因素 87
3.3　大气对沿海面电磁波传播的影响 90
　　3.3.1　大气成分与电磁波的相互作用 90
　　3.3.2　气候条件影响 91
　　3.3.3　海洋大气波导 92
3.4　海面电磁波传播模型 94
　　3.4.1　常用模型介绍 94
　　3.4.2　模型的应用与限制 95
3.5　海面电磁环境下的通信与雷达应用 96
　　3.5.1　海上通信特点与挑战 96
　　3.5.2　雷达在海面监测中的应用 98
思考题 99

第4章　海水中电磁波传播 100
4.1　海水中的电磁环境 100
　　4.1.1　概述 100
　　4.1.2　海洋环境的影响 101
　　4.1.3　海水中的电磁噪声 107
4.2　海洋环境下的电磁波传播 111
　　4.2.1　海水中电磁波的衰减特性 111
　　4.2.2　海水中电磁波的传播特性 112
　　4.2.3　海洋环境传播模式 114
4.3　海水中电磁波传播模型 116
　　4.3.1　常用模型 116
　　4.3.2　模型参数 116
4.4　水下电磁通信与探测应用 118
　　4.4.1　水下电磁通信技术 118
　　4.4.2　水下电磁探测技术 120

思考题 ··· 123
第5章　海洋电磁学中的数值方法 ·· 124
　5.1　计算电磁学基本概念 ··· 124
　　5.1.1　数值分析方法的基本原理 ··· 124
　　5.1.2　电磁数值计算的基本概念 ··· 127
　5.2　常用数值方法 ··· 128
　　5.2.1　有限差分法 ·· 128
　　5.2.2　有限元法 ·· 131
　　5.2.3　矩量法 ··· 133
　5.3　海洋电磁问题的数值计算实例 ·· 134
　　5.3.1　选择数值方法 ·· 134
　　5.3.2　实例介绍及讨论 ·· 136
　5.4　海洋电磁计算的挑战与发展趋势 ··· 141
　　5.4.1　面临的主要技术挑战 ·· 141
　　5.4.2　发展趋势介绍与预测 ·· 142
　　思考题 ·· 143
参考文献 ·· 144
附录　海洋电磁学中常用的数学知识 ·· 146

第1章 引　　言

本章为读者开启了深入了解这一重要领域的大门。海洋电磁学专注于探究电磁波在海洋环境中的传播特性与应用，其范畴涵盖从基础概念、理论架构到实际应用的诸多方面。首先，本章对海洋电磁学的定义、基础理论及研究方法予以概述，并展现其在海洋资源勘探、环境监测等领域的多元应用，让读者迅速感知学科价值。接着，回溯海洋电磁学的发展历程，从早期理论奠基至现代技术推动下的进步，清晰呈现学科演变与现状。随后，深入探讨其与地球物理学、海洋地质学、海洋生物学、海洋工程学、海洋资源学以及数据科学与人工智能等学科的交叉融合，凸显多学科协作在海洋电磁学发展中的关键意义。最后，分析电磁波在复杂海洋环境中传播所面临的挑战及应对策略。由此，读者可初步领略海洋电磁学的全貌并对其研究前景有所展望。

1.1　海洋电磁学研究意义

海洋，作为人类生存的第二环境以及科技与生活发展的核心空间，蕴含着极为丰富的物质资源，已然成为各国经济与军事战略布局中的关键要地。对于从事海洋研究的科技工作者而言，全面且深入地掌握并高效利用海洋资源，始终是他们持之以恒、不懈追求的目标。

从人类社会发展的漫长历程来观察，任何学科的诞生与持续演进皆与当时的社会需求以及经济技术发展水平存在着千丝万缕、不可分割的联系，海洋电磁学的发展轨迹亦毫无例外地遵循着这一普遍规律。

海洋电磁学，作为专门探究海洋电磁场的学科领域，其研究对象——海洋电磁场，是由天然场源或人工场源在海水中激发而存在的特殊电磁场形式。当电磁波在海水以及海底介质中进行传播时，由于受到诸多复杂因素的综合影响，其传播情形变得极为错综复杂。其中，海水中盐分含量的波动、温度的升降变化、压力的起伏改变、海流的湍急缓滞以及潮汐的涨落交替等动态变化，再加上海底地质结构所呈现出的高度复杂性，均会对电磁波的传播特性产生显著且多样的作用效果。因此，深入且系统地研究这些影响因素，对于透彻理解海洋环境中所呈现出的电磁现象，并进一步改进电磁探测技术而言，具有极为重要且深远的意义与价值。

海洋电磁场是一座蕴藏无尽奥秘的信息宝库，内部蕴含着数量庞大、种类繁多的信息资源。从海水自身的物理化学特性角度出发，其中涵盖了海水成分的详细构成、盐分的精确含量、分层结构的清晰脉络以及内波的运动规律等信息；在描绘海洋动态变化方面，全面囊括了海流的流速流向、海浪的起伏形态、潮汐的周期性涨落等动力学信息；聚焦于海底状况时，则涉及海底地层的分层结构、矿产储层的分布位置与储量规模等信息。这些海量且多元的信息，为海洋电磁学的蓬勃发展提供了稳固坚实的基础以及广袤无垠的拓展空间。

伴随着低噪声电场、磁场传感器技术等一系列相关理论与技术取得令人瞩目的显著进步，海洋电磁学由此迎来了前所未有的绝佳发展契机，进而得以在众多不同的专业领域中实现广泛且深入的推广与应用。

在当今科技持续迅猛发展、日新月异的宏大背景之下，海洋电磁学在仪器设备的研发制造方面不断实现创新突破，促使探测工具的性能愈发先进，功能更为强大；在数值模拟研究领域，持续致力于优化算法模型，从而极大地提升了对海洋电磁现象模拟预测的精准性与可靠性；在数据处理环节，通过运用高效先进的数据处理技术手段，能够更加精准细致地分析并解读海洋电磁数据所蕴含的丰富信息。这一系列全方位、多层次的创新举措协同发力，使得海洋环境的电磁探测在精准度与高效性方面均实现了质的飞跃性提升。

从全球能源需求与海洋资源开发的关联来看，随着全球能源消耗的持续增长，陆地资源逐渐面临枯竭压力，海洋成为重要的资源接替区。海洋中蕴藏着丰富的油气资源、可燃冰以及各种金属矿产等。在油气勘探时，通过对海底地层电磁特性的精确探测，可以确定潜在的储油层位置和范围。与传统勘探方法相比，海洋电磁法能够在一些复杂地质构造区域，如盐丘、火成岩地区，更精准地识别油气藏，大大提高了勘探效率，降低了勘探成本，为满足全球能源需求提供了新的途径和技术支持。

在海洋生态保护对电磁监测的需求方面，海洋生态系统的健康状况对于地球的生态平衡至关重要。海洋电磁学能够为海洋生态保护提供有力的监测手段。一些海洋生物会产生微弱的电磁场，其在海洋环境中的活动会引起电磁场的细微变化，利用高精度的电磁传感器可以捕捉到这些变化，从而绘制出海洋生物的活动地图。同时，海洋污染也会影响海水的电磁特性，电磁监测可以及时发现海洋污染的扩散范围和程度，为采取有效的生态保护措施提供科学依据，有助于维护海洋生物多样性和海洋生态系统的稳定。

对于海洋工程建设与电磁技术保障的必要性而言，现代海洋工程日益复杂和庞大，如海上风力发电场、海底隧道、跨海大桥以及深海养殖设施等。在这些工程建设和运营过程中，电磁技术不可或缺。在海上风力发电场中，电磁学原理应用于风力发电机的电力传输和控制系统，确保电能的高效稳定传输。同时，通过电磁监测技术可以对风机的运行状态进行实时监测，提前发现潜在故障，保障风机的安全运行。在海底隧道建设中，海洋电磁探测技术可以提前探测隧道沿线的地质结构，避免遇到不良地质条件，如断层、溶洞等，保障施工安全。此外，在深海养殖设施中，电磁技术可用于水质监测、鱼类行为监测以及养殖设备的自动化控制等，提高养殖效率和质量，促进海洋工程建设与海洋资源开发的可持续发展。

综上所述，海洋电磁学在整个海洋科学体系中占据着不可或缺的重要地位，它不仅是海洋科学研究深入推进的关键支撑力量，更是在推动海洋资源可持续开发利用以及海洋生态环境保护的伟大进程中，扮演着极为关键且无可替代的核心角色，为人类更加全面、深入、科学地认识海洋，合理开发海洋资源以及切实保护海洋生态环境提供了极为重要且坚实可靠的理论依据与技术保障。

1.2 海洋电磁学历史回顾

尽管大规模研究和应用海洋电磁场的历史仅有几十年，但海洋电磁场的研究与电磁学的研究几乎是同步起步的。1831 年，法拉第（Faraday）发现了电磁感应原理，这一具有划时代意义的理论突破，为海洋电磁学奠定了最为根本的理论基石。次年，Faraday 进一步指出，在地磁场中流动的海水如同在磁场中运动的金属导体，会产生感应电动势。尽管他在泰晤士河的实验未能获得预期结果，但他明确提出在英吉利海峡能测出感应电磁信号的设想，这一设想犹如一颗启明星，为后续的研究指明了方向，开启了科学家们对海洋电磁场探索的思维之门，使得海洋电磁学开始从纯粹的电磁学理论迈向对海洋特殊环境下电磁现象的思考与研究，也吸引了更多学者关注海洋环境中电磁感应的潜在应用与验证。

直至 1851 年，沃拉斯顿（Wollaston）在横跨英吉利海峡的海底电缆上检测到了与海水潮汐周期相同的电位变化，从而证实了 Faraday 的预言。这一成果是海洋电磁学发展史上的重要里程碑，它首次以实际观测数据证明了海洋环境中电磁感应现象的存在，不仅极大地鼓舞了当时的科研人员，坚定了他们在海洋电磁领域深入探索的决心，而且为后续研究提供了实证基础，使得海洋电磁学研究从理论推测阶段正式进入实验验证与现象研究的新阶段，推动了更多关于海洋电磁感应与海洋环境因素相互关系的研究开展，例如，对不同海域、不同潮汐条件下电磁信号变化规律的探索等。

然而，海洋电磁场的广泛研究实际上始于 20 世纪 50 年代。早期的海洋电磁场研究主要集中在海洋环境中自然产生的电磁场上。苏联学者安德烈·尼古拉耶维奇·吉洪诺夫（Andrey Nikolayevich Tikhonov）在 1950 年提出的大地电磁测深理论，是海洋电磁学理论体系构建的关键一环。这一理论为深入探究地球内部电性结构提供了全新的视角与方法，它改变了以往只能通过有限的地质钻探获取地下信息的局面，通过测量地球表面的电磁场变化来反演地下电性结构，大大拓展了海洋地质研究的范围与深度。在海洋电磁学领域，该理论使得研究人员能够将陆地的电磁测深技术思路引入海洋，开启了海洋电磁测深研究的新纪元，为后续海洋地质构造研究、海底资源勘探等奠定了坚实的理论框架，众多学者基于此理论开展了一系列的海洋电磁实验与数据采集工作，以进一步完善和发展了海洋电磁测深技术。

1953 年，法国学者路易斯·卡尼亚尔（Louis Cagniard）完善了大地电磁测深理论体系，并提出了在海洋领域应用的可能性。这一完善工作进一步细化了理论模型与计算方法，使得大地电磁测深技术在海洋环境中的应用更具可行性与准确性。其提出的相关计算方法能够更好地考虑海水的导电特性、海底地质结构的复杂性等海洋特殊因素，从而提高了反演结果的可靠性。这直接促使海洋电磁场应用研究进入了快速发展的阶段，推动了相关实验设备的研发与改进，以适应海洋环境下的电磁测量需求，如开发出更适合海洋环境的电极、传感器等设备，提升了测量的精度与稳定性，进而在物理海洋学、海洋地质学等多学科领域得到了广泛应用。

20 世纪 60 年代，物理海洋学家开始观测海底电磁场，用于研究波浪、洋流和内波等现象。这一应用成果使得海洋电磁学与物理海洋学实现了深度交叉融合。通过电磁场观测研究海洋动力现象，为传统的物理海洋学研究提供了全新的观测手段与数据来源。以往对于内波的研究多依赖于声学方法或直接测量海水物理参数，而电磁观测能够从电磁场变化的角度反映内波对海水导电性等电磁特性的影响，从而提供了一种间接但更为全面的内波研究视角，补充和丰富了内波研究的数据体系，有助于科学家们更深入地理解内波的形成机制、传播规律以及与其他海洋动力过程的相互作用关系，也为后续开发基于电磁原理的海洋动力监测设备提供了实践依据。

到了 20 世纪 80 年代，这种技术被引入海洋地质与地球物理领域，用于研究海底以下介质的电性结构，在海底构造地质和资源勘查领域取得了显著成果。在海底构造地质研究方面，电磁技术能够穿透一定深度的海底地层，探测到不同地层的电性差异，从而绘制出更为详细准确的海底地质构造图，这相比于传统的地质勘探方法，能够更清晰地揭示海底地层的分布、褶皱与断层等构造特征，有助于深入理解海底地质演化过程。在资源勘查领域，它可以有效识别含油气地层、金属矿层等特殊地层的电磁信号特征，提高了资源勘探的效率与准确性，在油气勘探中能够更精准地确定潜在储油层的位置与范围，减少了勘探的盲目性，降低了勘探成本，同时也促进了海洋电磁勘探仪器设备的进一步优化升级，如研发出更高分辨率、更抗干扰的电磁探测器，以满足资源勘查对电磁信号微弱变化探测的需求。

随着潜艇水下通信需求的增加，电磁波在海洋中的传播成为海洋电磁场研究的重点。自1958年起，美国开始研制北极星核潜艇，并开始研究利用电磁波进行深水核潜艇指挥通信。这一军事需求驱动下的研究方向转变，促使科研人员深入探索电磁波在海洋这一特殊导电介质中的传播特性。为了实现潜艇的远距离、稳定通信，研究人员不得不深入研究海水对电磁波的吸收、散射、反射等复杂传播机制，这一系列研究不仅推动了海洋电磁传播理论的发展，建立了更精确的电磁波在海水中传播的数学模型，考虑了海水温度、盐度、深度等多种因素对传播的影响，而且也带动了相关通信技术设备的研发，例如，开发出适合在深海环境下使用的低频、大功率电磁波发射与接收设备，以及相应的信号调制、编码和解码技术，以提高通信的可靠性与保密性，这些成果在后续的海洋通信工程、海洋军事通信等领域都有着广泛的应用与深远的影响。

同样，为应对核潜艇远程战略通信需求，苏联自1968年也独自开展了这方面的研究。苏联的研究在一定程度上与美国形成了竞争与互补的态势，双方在探索电磁波海洋传播技术的过程中，各自取得了一系列成果并相互借鉴。例如，苏联在电磁波发射源技术方面的一些创新成果，为提高电磁波在海水中的发射功率与效率提供了新的思路，而美国在信号处理与通信协议方面的研究成果也为苏联的相关研究提供了参考，这种国际上的竞争与合作共同推动了海洋电磁波通信技术的快速发展，使得海洋电磁通信技术从最初的满足军事潜艇通信需求逐渐拓展到民用海洋通信领域，如海上船舶通信、海洋科考平台通信等，进一步扩大了海洋电磁学在通信领域的应用范围与影响力。

20世纪80年代以来，西方地球物理学家将海洋电磁法视为海底资源勘探的一项高新技术，海洋电磁场研究再度升温，各种分支方法各显神通。这一时期的发展主要归功于电磁传感器技术的发展和计算机信息处理技术的进步。电磁传感器技术的进步显著提升了海洋电磁信号的采集精度与灵敏度，能够捕捉到更为微弱、复杂的电磁信号变化，例如，可以检测到海底微小矿脉或地质构造变化引起的电磁信号波动，这为精细的海底资源勘探提供了可能。而计算机信息处理技术的飞速发展则为海量的海洋电磁数据处理提供了强大的工具。通过复杂的算法与模型，可以对采集到的电磁数据进行快速、准确地分析与反演，如利用三维建模技术直观地呈现海底地层的电性结构，大大提高了资源勘探的效率与准确性，也使得海洋电磁法在海底资源勘探领域的应用更加广泛与深入，推动了相关勘探项目的大规模开展与技术标准的建立。

同时，主动源电磁法的研究大大提升了浅部地层探测的精度和分辨率。主动源电磁法通过人为发射特定频率和强度的电磁信号，然后接收反射和散射回来的信号进行分析，相比于传统的被动源电磁法，能够更精准地探测浅部地层的细节特征。这一技术突破使得在海洋工程建设前期的地质勘查中，如海底管道铺设、海上平台建设等，可以更详细地了解浅部地层的地质情况，提前规避潜在的地质风险，如浅层断层、软弱地层等，保障工程建设的安全与顺利进行，也为海洋考古等领域提供了新的探测手段，能够更清晰地探测海底古遗迹的位置与结构，促进了多学科在海洋领域的交叉融合与协同发展。

进入 21 世纪，海洋电磁场研究的发展还与军事国防需求密切相关。随着舰艇减振降噪技术的发展，舰艇的声隐身性能大大提高，各国纷纷探寻可用于海战场的非声探测技术。其中，舰艇因自身腐蚀等原因产生的电磁场特征信号识别受到了广泛关注。许多国家构建了基于海洋电磁场的海上军事目标探测和识别体系。军事国防需求极大地促进了海洋电磁测量技术和精细化建模技术的发展。在测量技术方面，研发出了更高精度、高灵敏度、抗干扰能力强的电磁场测量仪器，能够在复杂的海洋战场环境中准确捕捉舰艇等目标的微弱电磁场信号，采用新型的超导量子干涉器件作为磁场传感器，大大提高了磁场测量的精度与分辨率。在精细化建模技术方面，通过建立更复杂、更真实的海洋电磁场模型，考虑了海洋环境、舰艇结构与材质、电磁传播特性等多因素的综合影响，能够更准确地模拟和预测舰艇电磁场信号的特征与变化规律，从而提高了军事目标探测与识别的准确性及可靠性，这不仅在军事领域有着重要意义，也为海洋电磁学在其他领域的应用提供了更先进的技术手段与理论模型，例如，为在海洋交通管理、海上安全监测等领域的潜在应用提供了技术支撑。

1.3 海洋电磁学现状分析

1.3.1 学科交叉

海洋电磁学与地球物理学、海洋地质学、海洋生物学、海洋工程学、海洋资源学以及数据科学和人工智能均有交叉融合，海洋电磁学所涉及的电磁波传播、电磁感应、海水电导率等特性研究，与对应学科的核心研究内容相互补充，这些交叉融合有力地推动了海洋科学的全面发展。

1. 地球物理学

海洋电磁学与地球物理学的交叉在现代科学研究里占据关键地位。地球物理学涵盖地震学、重力学和磁学等多方面研究领域，其主要通过对地球物理场的观测与分析，探究地球内部结构、板块运动以及地球物理现象的成因与规律。海洋电磁学则聚焦于电磁波在海洋环境中的传播特性、电磁感应过程以及海底电导率变化等现象。

二者的具体结合点体现在多个方面：在资源勘探方面，电磁法与地震学相互配合。地震学方法先对海底地层进行大规模的结构探测，确定可能存在的地层褶皱、断层等地质构造，划定潜在储层的大致范围。随后，海洋电磁学中的电磁测深技术介入，利用不同地层间的电性差异，进一步精确描绘出地层内部更细致的电性结构，清晰分辨出含油气地层与周围地层的边界，从而更精准地确定油气藏的位置与储量规模。通过这种协同应用，在某海域的勘探中，成功发现了一处此前地震勘探结果模糊区域内的中型油气藏，较以往单一方法降低了其储量预估误差。

在环境监测和气候研究中，电磁感应技术与地球物理学中的温盐深(CTD)数据紧密结合。电磁感应技术能够实时测量海水电导率的变化，而 CTD 数据提供了海水温度、盐度和深度信息。电磁测量数据与地球物理学的气候模型相结合，能够以更高的精度评估海洋温度、盐度和海冰厚度等关键参数的变化。研究发现，在特定洋流区域，海水电导率的微小变化与海温、盐度的波动存在明显的相关性，这种相关性数据被纳入气候模型后，提升了该区域海冰厚度预测的准确率，为气候变化的预测和应对策略提供了有力的支持。

2. 海洋地质学

海洋电磁学和海洋地质学的交叉研究在现代海洋科学中扮演着重要角色。海洋地质学专注于海底地质构造、沉积物、岩石及其形成和演化过程的研究，通过地质采样、地震反射和折射法等手段揭示海底地质的奥秘。海洋电磁学的电磁波传播、电磁感应现象以及海底电导率等电磁特性研究与之形成了多方面的交叉。

在地质构造研究中，二者结合的方式尤为突出。以海底山脉区域的研究为例，首先运用海洋地质学的地震反射和折射法，获取海底地质结构的宏观框架，包括地层的大致分层、大型断层和褶皱的位置等信息。然后，海洋电磁学的电磁勘探技术上阵，通过测量海底不同位置的电磁响应，详细分析地层内部的电性差异。由于不同岩石类型和地质构造具有不同的电性特征，电磁勘探能够精准地识别出一些细微的地质构造变化，如小型断层、岩性变化带等。在该海底山脉研究中，结合这两种方法，发现了多处之前未察觉的小型断层和岩石破碎带，这些发现为理解该区域的地质演化过程以及地震活动潜在风险评估提供了极为关键的数据，大大提高了勘探的准确性和效率。

在环境监测方面，电磁感应技术用于测量海水电导率变化，海洋地质学则通过分析沉积物样品来推断海底环境和历史变化。在近海污染监测区域，电磁感应技术监测到海水电导率在某一海域出现异常变化，表明可能存在污染物扩散。海洋地质学对该区域沉积物的分析发现，沉积物中的特定微量元素含量与电磁感应异常区域高度吻合，且通过对沉积物层序的研究，确定了污染开始的大致时间和可能的污染源方向。二者结合成功地揭示了该区域海洋环境变化的复杂机制，为海洋污染治理提供了科学依据。

3. 海洋生物学

海洋电磁学和海洋生物学的学科交叉在研究海洋生态系统中发挥着重要作用。海洋生物学围绕海洋生物的多样性、分布、行为及其与环境的相互作用展开深入研究，而海洋电磁学的电磁波传播、电磁感应和海水电导率等电磁特性研究为其提供了新的视角和研究手段。

在海洋环境监测、生态系统研究和生物资源管理中，海洋污染物的扩散和水体质量等电磁数据成为海洋生物学家重要的环境参数来源。海洋电磁学监测到海水中电磁信号的变化，反映出该区域海水盐度和电导率因污染排放发生了改变。结合海洋生物学对该海域生物分布的长期观测，发现某些对盐度敏感的浮游生物种群数量在电磁信号异常区域出现了明显下降，这为理解海洋生物的分布和栖息地选择与环境变化的关系提供了关键证据。通过综合电磁数据和生物数据，在对海湾生态系统的研究中，成功分析出环境变化对海洋生物群落结构和功能的影响，揭示了生态系统的动态变化规律，为生物资源的可持续管理提供了理论基础。

在生态系统研究中，电磁学方法为追踪和监测海洋生物行为提供了创新技术。在对海龟迁徙的研究中，利用电磁标签和传感器，成功追踪了多只海龟的迁徙路径、深度和温度偏好。研究发现，海龟在迁徙过程中会避开某些电导率异常的海域，这可能与这些区域的食物资源分布或海洋环境稳定性有关。这些数据为深入研究海龟的行为模式、栖息地利用和种群动态提供了宝贵资料，有助于制定更有效的海龟保护策略。

此外，电磁感应技术在探索海底生物栖息地方面也有应用。在深海热液喷口区域的研究中，电磁感应技术通过测量海底电导率变化，识别出具有特殊电磁信号的区域，这些区域往往与海底生物栖息地的分布密切相关。结合海洋生物学的水下摄像和样品采集方法，进一步确定了该区域存在多种独特的生物群落，评估了这些生物资源的可持续性，并为制定具有针对性的保护策略提供了依据。

4. 海洋工程学

海洋电磁学与海洋工程学的交叉在海洋探索、资源开发和环境保护等多方面具有极为重要的意义。海洋工程学涉及海洋结构物设计、海洋资源开发和海洋环境保护等一系列工程应用领域，而海洋电磁学的电磁波传播、电磁感应现象和海水电导率等电磁特性研究为其提供了重要的技术支持。

在海洋资源开发方面，电磁勘探数据为海洋工程提供了关键的地质信息。在海上油气田开发项目中，海洋电磁学的海洋电磁测深（MCSEM）和海底电磁测量（SFE）技术被广泛应用。通过反演海底电导率，清晰地识别出油气藏的位置、范围和储量规模，为海洋钻井平台和采矿设备的选址和设计提供了精确依据。在该项目中，依据电磁勘探数据优化后的开采方案，提高了油气开采效率，同时减少了不必要的勘探钻井数量，降低了对海洋环境的潜在影响，有效提高了经济效益和环境保护水平。

在海洋工程项目的环境影响评估中，海洋电磁学也发挥着重要作用。通过在项目施工前、施工中和运营期持续监测海洋电磁环境的变化，结合海洋工程学对工程结构和施工工艺的了解，能够准确评估工程活动对海洋生态系统的影响。在大型海上风电场建设项目中，利用电磁传感器监测海底电磁场的变化，发现风电场桩基施工过程中会引起局部海域电磁环境的短暂变化，但这种变化在施工结束后迅速恢复。通过与海洋工程学的协同研究，制定了合理的施工计划，如优化桩基施工顺序和时间间隔，最大限度地减少了对周边海洋生物的电磁干扰，保障了海洋生态系统的稳定。

在海洋结构物的健康监测和维护方面，电磁传感器和监测系统是重要的工具。以海底输油管道为例，电磁超声波技术被用于检测管道的腐蚀和裂纹。通过定期发射和接收电磁超声波信号，能够精确测量管道管壁的厚度变化以及内部是否存在裂纹等缺陷。在一次例行检测中，利用该技术发现了一处管道腐蚀严重区域，及时进行了修复，避免了可能发生的原油泄漏事故，延长了管道的使用寿命，保障了海洋工程的运行可靠性，降低了运营风险和维护成本。

5. 海洋资源学

海洋电磁学与海洋资源学的交叉在海洋资源勘探、开发和管理的整个过程中都起着核心作用。海洋资源学侧重于海洋资源的分布、开发利用和保护，而海洋电磁学的电磁波传播、电磁感应现象和海水电导率等特性研究为其提供了高效、环保的新技术和方法。

在海底资源勘探中，MCSEM 和 SFE 技术是重要手段。例如，在某海底金属矿勘探项目中，这些技术通过反演海底电导率，准确地识别出了富含金属矿物的地层位置和范围。电磁数据详细展示了地下不同地层的电性结构，与已知的金属矿电性特征进行对比分析，确定了该区域金属矿资源的储量和分布情况。基于这些信息，优化了勘探和开采策略，缩短了勘探周期，提高了资源利用效率，降低了勘探成本。

电磁感应技术在评估资源开发活动对海洋环境的影响方面也有重要应用。在海底煤矿开采区域，电磁感应技术持续监测周边海域的电磁环境变化。当发现开采活动导致海水电导率出现异常变化时，进一步分析表明是由于开采过程中的废水排放影响了海水的化学成分，进而影响了电导率。结合海洋资源学对海洋环境容量和生态系统的研究，及时调整开采计划，增加了废水处理环节，控制了污染物排放，减少了对海洋生态系统的破坏，保障了海洋资源的可持续开发和利用。

此外，在可再生能源开发方面，如海洋风能和潮汐能，海洋电磁学的电磁测量技术发挥着关键作用。在沿海潮汐能开发项目中，电磁测量技术对该海域的潮汐流场、海底地质结构以及海水电磁特性进行了全面测量。分析这些数据，确定了潮汐能发电装置的最佳安装位置，提高了发电效率，同时降低了装置建设和运营过程中的环境风险，为海洋可再生能源的高效开发提供了有力支持。

6. 数据科学与人工智能

海洋电磁学与数据科学和人工智能的学科交叉为海洋研究开拓了全新的突破和发展方向。海洋电磁学对电磁波在海洋中的传播、电磁感应现象以及海底电导率等特性的研究产生了海量的数据，而数据科学和人工智能则提供了强大的数据分析和模式识别工具。

在海洋环境监测中，数据科学技术（如大数据处理和机器学习）发挥着重要作用。在大面积海洋污染监测项目中，分布在广阔海域的电磁传感器不断收集电磁数据。大数据处理技术能够快速整合和存储这些海量数据，机器学习算法则对数据进行深入分析。通过对历史数据和实时数据的学习，算法可以准确预测海洋污染物的扩散路径和浓度变化。在海上石油泄漏事故模拟监测中，机器学习模型提前预测出了污染物可能扩散到的海域范围，为及时采取有效的污染治理措施提供了科学依据，极大地提高了海洋环境保护的效率。

在资源勘探方面，人工智能技术（如深度学习）展现出巨大优势。在深海油气勘探项目中，深度学习算法被应用于电磁测量数据的反演和解释。它能够自动识别和分类海底资源特征，准确区分油气藏、水层和其他地层结构。与传统的人工解释方法相比，它提高了勘探的准确性，同时大大缩短了数据解释的时间，减少了勘探成本和对环境的影响。此外，AI 模型还可以根据勘探数据和地质条件优化资源开发策略，提高资源回收率。

在海洋生态保护方面，这种学科交叉同样成果显著。通过整合电磁数据和生物监测数据，数据科学技术能够全面评估人类活动对海洋生态系统的影响。在珊瑚礁保护区的研究中，结合电磁数据反映的海洋环境变化和生物监测数据中的珊瑚礁生物多样性信息，利用数据科学的多元统计分析方法，确定了旅游活动、渔业捕捞等人类活动对珊瑚礁生态系统的影响程度和范围。人工智能算法则可以实时监测和预测海洋生物的行为和栖息地变化。在对该保护区内鱼类种群的研究中，人工智能模型通过分析电磁标签追踪数据和海洋环境数据，成功预测了鱼类在不同季节的迁徙路线和栖息地选择变化，为保护区的生态系统动态管理提供了有力支持，有助于制定更加科学合理的保护措施，维护海洋生态平衡。

技术融合是学科交叉的关键所在。高分辨率电磁传感器能够获取更精确的海洋电磁数据，多尺度数值模拟技术可以模拟不同尺度下海洋电磁现象的发生过程，再结合人工智能在数据处理中的应用,利用神经网络算法对电磁数据进行快速分类和特征提取,推动了海洋电磁学和海洋地质学等学科的深度融合。在海底地质灾害预警项目中,高分辨率电磁传感器获取海底电磁场细微变化数据,多尺度数值模拟技术模拟地质结构变化对电磁场的影响,人工智能算法对数据进行实时分析和预警。通过这种技术融合,成功预测了一次海底滑坡事件,为周边海洋设施和生物的安全提供了保障,提升了研究的精度和效率。随着技术的不断进步和多学科合作的持续加强,这一交叉领域必将为海洋科学研究带来更多创新性的成果和重大突破,为人类更好地认识、开发和保护海洋提供坚实的理论和技术支撑。

1.3.2 应用领域

海洋电磁学作为一门跨学科的科学,已在多个领域取得显著进展。其应用范围广泛,涵盖了海洋资源勘探、海洋无线通信、海洋目标探测和海洋导航定位等多个方面。

1. 海洋资源勘探

海洋地球物理方法在探测海底结构及资源方面占据着基础性地位,其中海洋电磁法已成为极为重要的组成部分。相较于传统的海洋地震勘探,海洋电磁法能够探测到独特的电性差异信息,这一特性极大地丰富了海底地质信息的获取维度,从而显著降低了海洋资源与能源勘探过程中的不确定性与风险。在众多地球物理学家所关注的海洋研究重点领域,如海底板块构造解析、火山运动监测、海啸预警研究、油气资源勘探以及水合物资源调查等方面,海洋电磁法均展现出了卓越的应用价值,并取得了一系列令人瞩目的成果。以2000年挪威国家石油公司在安哥拉海域的油气勘探试验成功为标志,海洋电磁法正式步入石油勘探的商业应用阶段。此后,得益于石油工业界对高效勘探技术的持续需求与推动,海洋电磁法在技术研发与应用推广方面不断取得新的突破,尤其在处理地震勘探方法难以有效应对的复杂地质区域,如含有火成岩、碳酸盐岩、盐丘等地层的区域,海洋电磁法在油气资源勘探、海洋深部构造精细研究以及成本控制等方面表现出了明显的优势,其技术体系也逐步趋于成熟与完善。

2. 海洋无线通信

海洋电磁学在海洋无线通信领域有着不可替代的重要作用。它专注于研究电磁波在海面及海水中的传播特性,海水对无线电波的高吸收性致使传统无线通信在水下难以施行,而海洋电磁学的深入探索为海洋环境中的无线通信技术奠定了坚实的技术基础。早期水下电磁波通信采用甚低频与极低频波段,虽在海岸与水下航行器通信有所应用但存在缺陷,随着数字通信的发展,水下电磁波通信可使用更高频率并在浅海、近距离场景展现出信息速率高、抗环境干扰强、传播速度快且时延低、受分界面和障碍物影响小、通信信道稳定、收发对准精度要求低且结构简单、安全性高以及对生态环境友好等诸多优势,同时蒸发波导通信利用海洋大气边界层中特殊波导结构实现较远距离通信,解决了海面多径效应和信号衰减问题,这些均得益于海洋电磁学的研究成果,有力推动了海洋无线通信技术在潜艇与海底设备通信、海洋观测设备数据传输、水下无人潜航器遥控通信等多方面的应用与发展,在海洋科学研究、资源开发和军事等领域意义非凡。

3. 海洋目标探测

海洋电磁学在海洋目标探测领域发挥着极为关键的作用。在海杂波背景下的目标电磁探测方面，通过深入研究电磁波与海洋环境复杂相互作用所产生的海杂波特性，利用先进的信号处理技术和电磁建模手段，精准区分海杂波与目标回波信号，从而实现对海面及低空目标的有效探测与定位，为海洋监测、海上交通安全保障以及海洋权益维护提供重要支撑。在水下目标的电磁探测领域，基于电磁探测技术发展相对成熟的优势，利用海洋环境中目标物体电磁场特性与周围背景电磁场的差异，能在探测与定位潜艇等水下目标时发挥独特作用，尤其在攻击前的识别与定位阶段，相比声呐技术，其具备优越的识别能力、较短的运行时间、良好的定位精度、高检测率以及较低成本等特点，可广泛应用于军事设施中对侵入防护区域的磁性目标的探测和定位，在海洋环境目标探测体系构建中占据重要地位，有力地推动了海洋目标探测技术的多元化发展与整体效能提升。

4. 海洋导航定位

海洋电磁学在海洋导航定位领域发挥着多方面的关键作用。在水面无线电导航方面，由于其主要涉及电磁波在海面附近的空气和海面的传播，海洋电磁学的重要性尤为凸显。与陆地环境不同，海面作为动态界面，海水的波动性和盐度变化会致使海面电磁特性改变。其中，海面粗糙度引发的无线电波反射和散射，使得信号传播路径错综复杂。海洋电磁学通过深入探究这些特性，建立更为精准的信号传播模型，详细考量海面粗糙度对反射系数等的影响，从而优化无线电导航信号的发射与接收策略。同时，海洋大气环境中的湿度、温度梯度等因素可能催生蒸发波导现象，改变电波传播常规模式。借助对蒸发波导形成条件与特性的研究，能够选择适宜的频率与发射角度，使无线电信号在波导层中以较低损耗传播，极大地延长信号传播距离，有力地保障海上远距离无线电导航的有效性，为船舶在广阔海洋中的航行提供精确的位置指引，满足诸如海洋运输、海洋科考等多种水上活动对导航精度与覆盖范围的需求。

在水下磁导航领域，海洋电磁学同样有着不可替代的作用。地球磁场及水下目标自身磁场特性是水下磁导航的关键依据。海洋电磁学通过对这些磁场特性的深入研究，运用高灵敏度磁传感器与智能数据融合算法，能够精准追踪潜艇、水下无人潜航器等水下装备的位置与航行轨迹。即便处于复杂多变且信号易受干扰的水下环境，依然可以克服传统导航手段的局限，显著提升水下作业的自主性、安全性与精度。在深海资源勘探开发、海洋军事战略部署以及水下考古探险等诸多领域，水下磁导航为其提供了极为关键的导航支撑，极大地拓宽了人类在海洋这一广袤空间里的探索与开发维度，使人类对海洋的开发利用活动能够向更深、更精准的方向迈进。

1.3.3 研究热点

1. 海洋资源勘探的热点

在资源勘探领域，海洋电磁技术的研究热点众多且极具发展潜力。首先，多源多频电磁勘探技术成为关注焦点。由于不同频率的电磁波在海水中的穿透深度和对不同地质体的响应各异，通过同时使用多个不同频率的电磁源进行探测，能够获取更全面、细致的海底地质信息。在深层地质构造探测中，低频电磁信号可穿透较厚地层，而高频信号则对浅层地质体特征反应更敏感，二者结合有助于精确描绘整个海底地层结构，为油气等资源勘探提供更精准的定位与储量评估依据，这对于在复杂地质区域，如存在火成岩、碳酸盐岩、盐丘等地层的勘探尤为关键。

其次，电磁数据的高精度反演算法研发热度持续攀升。海洋电磁法测量得到的是电磁响应数据，如何通过这些数据准确反演出海底地质体的真实物理参数和结构模型一直是个难题。当前，研究人员致力于开发基于先进数学理论和计算技术的反演算法，引入正则化方法来处理反演的不适定性问题，结合贝叶斯推断等统计方法量化反演结果的不确定性，利用深度学习算法挖掘电磁数据与地质模型之间的隐含关系，从而提高反演的精度和可靠性，减少勘探误差，提升资源勘探效率。

最后，海洋电磁技术与其他地球物理方法的融合应用也是研究的热点方向。与海洋地震勘探相结合，地震波勘探在获取地层速度结构方面有优势，而海洋电磁法在电性差异探测上独具特色，二者融合能够实现数据互补，构建更完整、准确的海底地质模型，在资源勘探中达到"1+1>2"的效果，为海底资源的精准定位与高效开发提供有力支撑，这种多方法融合的思路有助于克服单一技术的局限性，拓宽资源勘探的视野与能力。

2. 海洋无线通信的热点

在海洋通信领域，海洋电磁学的研究热点呈现多维度聚焦态势，下面分别从天线设计、网络优化和信号编码角度进行论述。

从新型天线设计角度来看，水下及海上通信环境的复杂性对天线提出了严苛要求。传统天线难以在满足高辐射效率、大带宽、强方向性和抗干扰能力的同时，实现小型化与低成本。因此，研发适用于海洋电磁通信的新型天线成为热点之一。通过采用新型电磁材料，如超材料，来突破传统材料的物理限制，实现对电磁波的特殊调控，从而提高天线性能并减小其尺寸与重量。这不仅有助于解决海洋通信设备在空间有限的水下航行器或海上平台上的安装难题，还能降低整体设备成本，推动海洋电磁通信系统的广泛应用。

在通信网络优化方面，随着海洋电磁通信应用范围的不断扩大，构建大规模、高效且可靠的水下通信网络迫在眉睫。水下通信网络拓扑结构的研究热点在于如何适应海洋动态环境，如洋流、海底地形变化等，设计出具有容错性和自适应性的拓扑架构。路由协议的研究则致力于开发智能高效的路径选择算法，以应对多变的海洋信道条件，减少信号传输延迟和丢包率。资源分配算法需要考虑到海洋通信节点能量受限、带宽资源宝贵等特点，通过动态分配资源，确保整个网络的均衡稳定运行，提高网络的可靠性、自组织能力和抗毁性，满足海洋科研、资源开发以及军事等多领域对大规模水下通信网络的需求。

信号处理与编码技术领域同样是研究热点集中区。多输入多输出(MIMO)技术在海洋电磁通信中的应用研究旨在通过多个天线同时发送和接收数据，利用空间分集增益来对抗海洋信道的衰落和干扰，提高信号传输的可靠性和数据速率。正交频分复用(OFDM)技术则通过将高速数据流分割成多个低速子载波，有效抵抗多径效应和频率选择性衰落，在复杂的海洋电磁环境中保障通信质量。此外，不断探索新的信号处理算法和编码技术，如基于人工智能的自适应编码调制技术，能够根据海洋信道的实时状况自动调整编码方式和调制参数，进一步提升通信系统的容量和传输距离，为海洋通信的高效稳定运行提供坚实的技术支撑。

3. 海洋目标探测的热点

在海洋目标探测领域，海洋电磁技术的研究热点集中于多个关键方向。首先，海杂波抑制与目标特征增强技术是重要研究热点之一。海杂波的复杂性严重干扰目标回波信号的识别与提取，因此，深入探究海杂波的形成机制，从电磁波与海洋环境多因素耦合作用的层面进行剖析，例如，考虑海浪状态、海水盐度、风速风向等对海杂波的影响规律，进而开发更为高效的信号处理算法，如基于深度学习的自适应海杂波抑制算法，能够动态地学习海杂波特征并将其滤除，同时增强目标回波信号特征，提高目标探测的准确性与可靠性，特别是在复杂多变的海洋气象和海况条件下实现对小型、隐身目标的有效探测。

其次，多物理场融合探测技术备受关注。单一电磁探测技术存在局限性，将电磁探测与声学、光学等其他物理场探测手段相结合，能够充分发挥各技术的优势。在水下目标探测中，把电磁感应技术与声呐探测相结合，利用电磁技术对金属目标敏感以及声呐对周围介质变化感知的特性，通过数据融合算法对多源探测数据进行综合分析，构建更为全面、精准的目标特征模型，实现对不同类型、不同深度水下目标的高分辨率探测与识别，大幅提升海洋目标探测系统的整体性能与适应性。

再者，电磁探测的智能化与小型化也是研究热点。随着海洋探测任务的日益多样化和对探测设备机动性要求的提高，研发智能化的海洋电磁探测系统成为趋势。该系统能够根据不同的海洋环境和探测目标自动调整探测参数、优化探测策略，例如，利用人工智能算法实现对探测频段、功率等参数的智能选择，提高探测效率。同时，致力于小型化电磁探测设备的研制，采用新型材料与微纳加工技术，减小设备体积与重量，降低功耗，便于在各种海洋平台（如无人船、水下机器人等）上搭载部署，拓展海洋电磁技术在海洋目标探测领域的应用范围与灵活性。

4. 海洋导航定位的热点

在海洋导航定位领域，海洋电磁技术的研究热点呈现出多维度的发展态势。

首先，高精度信号传播模型优化是核心热点之一。鉴于海面电磁特性受多种复杂因素影响，如海水波动性、盐度变化、海面粗糙度以及海洋大气环境等，当前研究致力于构建更为精细准确的信号传播模型。通过引入先进的数值模拟方法和多物理场耦合分析技术，深入研究各因素间的非线性相互作用，精确量化海面粗糙度在不同海况和电磁波频率下对反射、散射系数的影响规律，以及湿度、温度梯度与蒸发波导特性的动态关联，从而为无线电导航信号的发射与接收提供更精准的参数依据，进一步提高水面无线电导航的定位精度，满足海洋高端应用场景对厘米级甚至更高精度定位的需求，这对于海洋工程精密作业、海洋测绘等领域意义重大。

其次，多源导航数据融合技术备受瞩目。在水下磁导航中，虽然其具有独特优势，但单一的磁导航也存在局限性。因此，将水下磁导航与其他导航方式，如水声导航、惯性导航等进行深度融合成为研究热点。通过研发高效的数据融合算法，能够充分整合不同导航源的信息，实现优势互补。将磁导航的稳定性与惯性导航的短期高精度特性相结合，解决水下长时间航行中的累积误差问题；或者将磁导航与水声导航在浅海区域进行融合，提高近岸复杂水域的导航可靠性。这有助于构建更为稳健、精确的海洋导航体系，提升水下航行器在复杂海洋环境下的导航自主性和适应性，保障深海资源勘探、海洋军事行动等任务的顺利进行。

最后，导航传感器的智能化与微型化也是研究热点方向。随着海洋探索活动的日益多样化和对设备便携性要求的提高，研发智能化的海洋电磁导航传感器成为趋势。这类传感器能够自动感知海洋环境变化，实时调整自身参数和工作模式，根据周围磁场强度变化自动优化磁传感器的灵敏度，以提高探测精度和可靠性。同时，借助微机电系统(MEMS)技术等先进制造工艺，实现导航传感器的微型化，使其能够更方便地集成于各种小型海洋设备和水下机器人中，降低设备整体功耗，拓展海洋电磁导航技术在微型海洋探测平台和群体智能海洋装备中的应用，推动海洋导航定位技术向更灵活、更广泛的方向发展。

1.4 海洋电磁学研究难点

1.4.1 海洋环境对电磁波传播的影响

海洋电磁环境极为特殊，诸多因素相互作用，影响电磁波传播。天然电磁场是基础背景，赋予初始电磁条件。海洋大气湿度、云层电荷分布等致使电磁波在海面传播时产生折射、反射、散射，且与海洋有复杂电磁耦合。海水中，盐度、温度、颗粒物及电离现象都起作用，颗粒物引发散射吸收，电离改变电导率，均影响电磁波传播，同时海浪、内波、潮汐等动态因素使环境更复杂。而海底地形起伏、地质结构差异以及天然磁场的不同，也左右着电磁场分布与电磁波反射、折射等行为。这些因素交织，让海洋电磁环境复杂多样，海水对电磁波传播的影响更是错综复杂且多元的。

1. 天然电磁场

除了水面和水下电磁通信等人为活动产生的电磁波外，海洋环境还存在各种天然电磁场，使得水下电磁环境尤为复杂。海洋中的电磁场主要考虑地球磁场和运动海水感应电磁场两类。

1) 地球磁场

地球磁场给海洋电磁环境带来多方面的特殊性。从磁场结构角度看，其内源场中的地核场(主磁场)呈现出近似巨大磁偶极体的形状，在地球表面均匀分布，这使得海洋全域被笼罩在一个相对稳定但又具有特定方向性和强度梯度的磁场背景之下。地壳场和感应场则因地球内部物质分布不均及运动变化，在局部海洋区域产生细微但不可忽视的磁场扰动。在海底地质构造复杂的板块交界地带或有大规模岩浆活动区域，这些内源场的变化会导致海洋电磁环境在小尺度范围内呈现出复杂的磁场纹理，影响海洋生物的电磁感应以及电磁信号在这些区域的传播特性。

在外源场方面，电离层和磁层以及行星际空间电流引起的磁场变化，与地球内部磁场相互交织。尤其是在高纬度海洋地区，外源场受太阳风影响更为显著，太阳风携带的高能带电粒子与地球磁场相互作用，使得该区域海洋电磁环境的磁场强度和方向出现高频次、大幅度的波动。这种波动不仅改变了海洋表面的电磁辐射环境，还会沿着海水深度方向逐渐衰减并与海洋内部的电磁场相互耦合，引发一系列复杂的电磁现象，如产生感应电流，进而影响海洋中的电化学过程以及金属结构物的腐蚀速率。

从对海洋电磁信号传播影响的角度来看，地球磁场在平静时期为电磁信号提供了一个相对稳定的参考基准,有利于海洋生物利用磁场进行定向迁徙以及一些基于磁场的海洋导航技术的应用。然而,在磁暴期间,地球磁场的剧烈变化会使海洋中的电磁信号传播路径发生扭曲,信号强度出现异常衰减或增强。对于海洋中的长距离通信和探测系统,由地球磁场引发的信号不稳定因素极大地增加了系统的误差和不确定性,甚至可能导致信号中断,严重影响海洋电磁信息的传输与获取。

从海洋生态系统角度来看,地球磁场的存在影响了海洋生物的电磁感知与行为。许多海洋生物体内具有能够感应微弱磁场的器官或组织,它们依靠地球磁场进行长途洄游、寻找繁殖地和觅食区域。地球磁场的变化可能干扰这些生物的正常电磁导航能力,进而改变海洋生物的种群分布和生态群落结构。一些原本按照固定磁场航线迁徙的鱼类,可能因地球磁场的异常变化而迷失方向,导致其无法到达传统的繁殖海域,从而影响整个海洋生态系统的食物链和能量流动平衡,而这种生物行为和生态结构的改变又会反作用于海洋电磁环境,形成一种复杂的生态-电磁相互作用机制,进一步凸显了地球磁场影响下海洋电磁环境的特殊性。

2) 运动海水感应电磁场

从场源特性来看,海浪、海流(含潮汐)和海洋内波运动感应产生的电磁场成为海洋环境电磁场的重要天然组成部分。海浪感应电磁场在高海况下幅值较强且具有线谱特征,其频率范围集中在 $0.08\sim0.5Hz$,其周期性变化与波浪周期一致,这使得海洋电磁环境在该频率段呈现出规律性的波动,并且不同波高和周期的海浪会产生不同强度的磁感应强度,如周期 $3\sim9s$、波幅 $0.5\sim1m$ 的海面波浪产生约 $1nT$ 的磁感应强度,在高海况下(波高 $3m$),水下 $100m$ 深度产生约 $0.3nT$ 的磁感应强度,这为海洋电磁环境提供了一种动态且具有一定规律的基础电磁信号源。

海流(含潮汐)运动感应电磁场具有水平和垂直分量,其特性与海水流速和地磁场分量相关。均匀海流感应电磁场信号频率低,而潮汐流在大陆架区域因速度较快可产生幅度较大的水平电场,幅度与地磁场垂直分量和海流水平速度正相关,周期约 $12h$,产生的磁感应强度为几纳特,电场强度幅度最大可达 $100\mu V/m$,这种周期性和较大幅度的电场变化,改变了海洋电磁环境的电场分布格局,尤其在大陆架等特定区域的影响更为突出,并且由于海流的相对稳定性和大面积覆盖性,其感应电磁场对海洋电磁环境产生持续且广泛的影响,可能干扰海洋中的电磁探测和通信信号的传播路径与稳定性。

海洋内波运动感应电磁场虽一般较小,但在特定条件下可与海浪产生的电磁场相比。其周期从一分钟到数十小时,波速慢但振幅大,能产生每米数十微伏的电场强度幅度以及频率低于 $10MHz$ 的电磁场。内波的隐匿性、随机变化性以及较大振幅特性,使得海洋电磁环境在局部区域内出现复杂的电磁场波动,其长周期和低频率特性可能会与海洋中其他电磁信号产生混叠或相互作用,影响电磁信号的频谱特性,干扰基于电磁原理的海洋观测、监测设备对信号的准确识别与分析,增加了海洋电磁环境的复杂性和不确定性,无论是在海洋电磁研究还是相关工程应用中都成为不可忽视的影响因素。

2. 海洋大气

海洋大气对海洋电磁环境施加着极为复杂且深远的影响,这种影响贯穿于电磁波传播的各个环节与海洋电磁活动的诸多层面,从基础的电磁信号传播路径的塑造,到信号强度的改变,再到各类海洋电磁应用场景中的效能发挥,均与之有着千丝万缕的紧密联系,深刻地改变着海洋电磁环境的整体面貌与内在特性,成为在深入探究海洋电磁学相关理论与实践应用过程中，不可忽视且必须深入剖析的核心要素之一。

在大气折射方面，大气折射率随高度的变化源于温度、湿度和压力的差异，进而形成折射率梯度。当电磁波在海洋环境中从大气向海水中传播时，这种梯度会使其路径发生弯曲。例如，在温跃层，水温的急剧变化导致折射率突变，电磁波就如同光线在不均匀介质中传播一样，偏离原本的直线轨迹。而在湿跃层，湿度的显著差异也会产生类似效果。不仅如此，大气条件在一天中的日夜交替时会有明显变化，白天太阳辐射使大气受热不均，夜晚则相对稳定，这种变化会影响折射率梯度，从而改变电磁波的折射程度。天气状况更是关键因素，当出现温度逆温层时，冷空气在下，暖空气在上，与正常的大气温度分布相反，这会极大地扭曲电磁波的传播路径。这一系列因素使得海洋电磁环境中的电磁波传播方向变得难以捉摸，在海洋电磁信号的定向传输应用中，如海洋中的远程导航系统或特定区域的电磁监测网络，信号可能无法准确地按照预设路径到达接收端，从而影响整个系统的效能。

对于大气反射，电离层对高频电磁波的反射是短波通信的重要影响因素。电离层中的带电粒子在特定条件下与高频电磁波相互作用，将部分电磁波反射回地面或海洋表面。而对流层对较低频率电磁波的反射也不容小觑。在海洋环境中，海洋表面作为电磁波传播的一个关键界面，会反射部分从大气传来的电磁波。由于海洋表面始终处于动态变化中，波浪此起彼伏，湍流不断，这使得反射电磁波产生散射效应。当海面平静时，反射可能相对较为规则，但一旦海浪涌起，粗糙的海面会使反射角度变得极为分散，反射强度也会在不同区域有所差异。这种复杂性对于海洋电磁通信而言，意味着接收端接收到的反射信号会与原信号相互干扰，信号质量严重下降，在海洋电磁环境监测中，也会使监测数据出现大量噪声和误差，干扰对真实电磁环境状况的判断。

电磁波路径偏转同样是海洋大气影响海洋电磁环境的重要体现。由于大气折射，电磁波在穿越不同密度的大气层时，其传播方向持续发生变化。在远距离通信和探测场景里，这种效应的影响被放大。在海洋中的跨洋通信，信号从发射端出发，经过漫长的大气传播路径到达海洋彼岸的接收端。途中，因大气密度在不同高度、不同地域的变化，信号路径可能发生多次偏转。这不仅增加了信号传输的时间延迟，还使得信号可能偏离原本规划好的接收区域。在海洋资源探测中，利用电磁波探测海底地形或矿产资源时，路径偏转可能导致探测结果出现偏差，因为探测设备依据预设的电磁波传播路径来计算和分析数据，一旦路径改变，数据的准确性和完整性将受到严重质疑，接收端在解析信号时也面临巨大挑战，难以从复杂多变的信号中提取出有用信息。

最后，扩散效应给海洋电磁环境带来诸多不利。大气折射和反射共同作用导致信号能量扩散，信号强度随之减弱。在大气中传播时，信号能量原本按照一定规律分布，但经过折射和反射后，能量向四周散开。在长距离的海洋通信中，信号从发射源发出后，随着传播距离的增加，能量逐渐分散，到达接收端时已变得微弱。而大气中的颗粒物、气溶胶和云层等不均匀性更是雪上加霜，它们引发的电磁波散射进一步加剧了信号能量的扩散。这些微小颗粒和物质在大气中随机分布，与电磁波相互作用，使信号路径变得更加随机和复杂。在海洋导航系统中，信号强度的减弱可能导致导航精度下降，船舶或其他海洋设备可能无法准确获取自身位置信息。在海洋电磁资源探测方面，扩散效应可能使探测信号无法有效穿透海水到达目标深度，从而影响对海洋资源的准确评估和开发利用，因此在海洋电磁技术应用中，必须充分考虑并设法克服大气扩散效应带来的负面影响。

3. 海洋颗粒物

海洋中的颗粒物对电磁波传播特性有着极为显著的影响，主要通过散射、吸收、反射以及色散等机制达成，这些机制相互交织，构建出复杂的海洋电磁传播情境。

就散射而言，其在海洋颗粒物影响电磁波传播中占据重要地位。在海水中有颗粒物存在时，便会触发电磁波散射现象，致使能量分散，对探测精度与信号强度产生不利作用。散射包含瑞利散射与米氏散射两类。瑞利散射在颗粒物尺寸远小于电磁波波长时发生，其散射强度和波长的四次方成反比，于可见光和微波频段较为显著。米氏散射则在颗粒物尺寸与电磁波波长相当时发生，其散射效应复杂，角度与强度随颗粒物大小、形状及电磁波频率改变而变化，在毫米波频段更为突出。散射使电磁波能量多向传播，削减了直线路径信号强度，对电磁波在海水中的传播距离与精度产生负面影响。

海洋颗粒物具有吸收电磁波能量的能力，若其中含有金属颗粒或矿物质等导电成分，吸收现象更显著。此吸收效应致使电磁波衰减，传播距离缩短，信号强度减弱。在不同频段，吸收效应特性各异。低频段如超低频范围，因波长较长，吸收效应相对较弱，利于电磁波远距离传播；高频段如微波及毫米波频段，吸收效应极强，电磁波能量快速损耗，传播距离大幅缩短，严重影响了海洋环境中电磁波的有效传输范围与信号质量。

在海洋环境里，颗粒物会引发电磁波反射现象，尤其在颗粒物密度高的区域更为明显。这导致电磁波传播产生多径效应，增加信号复杂性。不同类型颗粒物反射特性不同，粗糙颗粒物，如沙粒或贝壳碎片，引发强烈非镜面反射，使信号传播路径错综复杂；细小颗粒物，如泥沙或有机物颗粒，主要产生微弱镜面反射，信号路径相对稳定。总体而言，颗粒物引发的电磁波反射现象对海洋电磁波传播特性与信号质量的影响不可小觑，给海洋电磁学研究与应用带来诸多挑战与变数。

海洋中的颗粒物所产生的色散效应同样不容忽视。色散是指不同频率的电磁波在传播时，因颗粒物的存在而受到不同程度的散射和吸收作用，进而导致信号频谱发生改变。从本质上讲，颗粒物的物理特性，包括其大小、形状、成分以及分布密度等，均与色散效应紧密相关。当海水中存在大量尺寸微小且分布相对均匀的矿物质颗粒时，高频电磁波由于其较短的波长，与这些颗粒发生相互作用的概率更高，从而更容易产生较强的散射效果；而低频电磁波相对而言受散射影响较小，但在吸收方面可能会因颗粒物的导电特性等因素呈现出独特的变化规律。这种因色散导致的信号频谱变化会进一步引发信号畸变，使得原本规则的电磁波信号波形出现扭曲变形。在通信系统中，这可能导致信号的解码错误或信息传输不完整，严重影响通信质量。同时，色散还会造成时延变化，不同频率的电磁波在穿越颗粒物区域进行传播后，到达接收端的时间会出现差异。在探测系统中，这一时延差异可能会使基于电磁波传播时间来计算和定位的目标位置或深度信息产生偏差，降低探测的准确性。色散效应与散射、吸收、反射效应相互交织，共同作用于电磁波传播过程，进一步加剧了传播的复杂性与不确定性，对电磁波在海水中的传播距离、精度以及信号质量都产生了显著的负面影响。因此，在海洋电磁学的研究与实践应用中，必须全面深入地考虑这些因素，以便对探测和通信技术进行针对性优化，提升系统的可靠性与精度，促进海洋电磁学相关技术在复杂海洋环境中的有效应用与发展。

4. 海水中的电离现象

海水中的电离现象在海洋电磁学领域具有重要意义，其产生机制与多种因素相关，且对电磁波传播产生多方面复杂影响。

海水电离现象产生的主要原因可归结为外部能量的强力介入。海水中丰富的电解质构成了电离的物质前提。在强电场作用下，依据电场力与分子内束缚力的相互作用原理，当电场强度超过一定阈值，足以破坏电解质分子内原子间的化学键合力时，电子将脱离原子或分子的束缚，形成自由电荷，从而引发电离。典型的实例为在海洋电磁工程设施周边，高强度电场环境可促使局部海水电离现象的发生。

高能量辐射亦为海水电离的关键诱因。雷电活动期间，其释放的高能量电磁辐射携带巨大能量，当辐射在海水中传播时，与水分子相互作用，一旦辐射能量足以克服水分子化学键能，便会导致电子剥离，产生电离过程。类似地，核爆炸所产生的超强辐射能量在海洋环境中传播时，能引发大规模且剧烈的海水电离现象，对海洋电磁环境造成瞬间且极为显著的改变。

海水电离后，对电磁波传播产生了一系列显著影响。电离致使海水中自由电荷密度大幅增加，海水导电性显著增强。从电磁波传播理论角度分析，这将导致电磁波在海水中传播时，能量因被大量吸收与耗散而迅速衰减。对于高频电磁波，由于其衰减系数与频率呈正相关关系，其在电离海水中传播时，能量损耗极为迅速，传播距离急剧缩短，难以实现有效穿透。低频电磁波虽衰减速率相对较低，但电离作用依然对其传播范围产生明显限制，削弱了其原本相对较好的长距离传播特性。

海水的介电常数是决定电磁波传播速度与折射特性的关键因素之一。电离现象发生时，海水介电常数发生改变，依据电磁波传播的相速与折射率理论，这将直接导致电磁波的相速和折射率发生变化，进而使其传播路径发生偏转，传播速度不再恒定。在海洋通信与定位系统中，此类变化将严重干扰信号的精准传输与精确位置确定，增加系统误差，降低整体运行可靠性与准确性。

电离过程中产生的电磁辐射，在海洋电磁环境中构成额外的噪声源。依据信号传输与处理理论，这种噪声与原始电磁信号叠加后，将导致信噪比显著降低。对于对精度和可靠性要求较高的海洋通信与探测系统而言，这极大地增加了信号接收和解码的难度。信号在传输过程中易出现错误，系统性能受到严重制约，难以达成预期的高精度通信与有效探测任务目标。

此外，电离引发的海水导电性和介电常数变化，从电磁波的反射与散射理论层面分析，会导致其反射和散射特性改变。电离区域在电磁波传播过程中可能形成反射界面或散射中心，使电磁波传播路径变得复杂多样，产生多径效应并导致信号失真。这一现象严重破坏了电磁波信号的质量与完整性，对海洋电磁信号的正常传输与处理构成重大挑战。

海水电离后，介电性质的改变还会加剧色散效应。基于色散理论，不同频率的电磁波在电离海水中传播时，由于受到不同程度的影响，其传播路径和传播时间将出现明显差异。这种差异致使信号波形发生畸变，信号同步性被破坏，产生时延变化。在海洋通信与探测系统应用中，这将导致信息时序错乱，进一步增加系统误判的可能性，提升了电磁信号处理与应用的技术难度与复杂程度，对整个海洋电磁系统的稳定运行与功能实现构成严重威胁。

5. 海底地形

海底地形的多样性对电磁波在海底的传播行为施加着极为显著的影响。其涵盖了山脊、海沟、平原以及峡谷等丰富多样的特征形态，这些不同的地形特征均会致使电磁波传播路径、反射及散射特性发生巨大改变。

海底山脊与山脉作为显著的地形起伏，会引发电磁波的折射与反射现象。由于其高低错落的地势造就了复杂的界面,当电磁波与之相遇时,便会依据折射与反射原理改变原有传播路径。在电磁波探测及通信应用场景中,这一现象直观地表现为信号路径出现弯曲以及多径效应的产生,进而极大地增加了信号接收环节的复杂性。尤为值得关注的是,海底山脉的存在还会塑造出特定的"阴影区",此区域内信号无法有效抵达,这无疑会对探测的覆盖范围造成明显的限制与影响。

海底平原虽相对较为平坦,但平原表面的沉积物层亦会对电磁波传播特性产生作用。沉积物层的厚度以及其组成成分的差异均会改变电磁波的传播速度与衰减特性,尤其是在低频电磁波传播过程中,这种影响表现得更为突出。并且,沉积物中诸如砂、黏土以及岩石等不同成分,会对电磁波的反射系数产生各异的影响,从而进一步对信号的强度以及传播距离造成影响。

海沟与海底峡谷这类特殊地形,则会对电磁波传播产生类似地面环境中的"波导效应"。它们能够引导电磁波沿着特定路径进行传播,然而在此过程中,也会不可避免地引发多次反射与散射现象,致使信号的路径趋于复杂且伴随能量损失。此外,海沟与峡谷在深度及形状方面的动态变化,会导致电磁波传播路径发生突然性的改变,这无疑给探测与通信工作增添了诸多挑战与困难。

综合而言,海底地形的多样性使得电磁波在海底的传播行为呈现出高度的复杂性。海底山脉、平原、海沟以及峡谷等各类地形特征,均会借助折射、反射以及散射等物理现象,对电磁波的传播路径与强度产生影响。在海洋电磁学相关的探测、通信以及研究活动中,必须充分考量这些影响因素,以此为基础提升技术应用的准确性与有效性。深入理解海底地形对电磁波传播的影响机制,对于优化探测设备及方法、增强海洋资源探测、环境监测以及通信导航等工作的效率具有极为关键的意义与价值。

1.4.2 海洋电磁研究面临的挑战及对策

海洋环境中电磁波传播面临多重挑战。地球磁场会引发法拉第旋转效应,使电磁波极化面偏转。运动海水作为导体切割地磁感线时,产生感应涡流及反向磁场,形成动态电磁噪声干扰。海洋大气层内,盐雾、水汽和气溶胶对高频电磁波产生显著散射和吸收衰减,尤其在风暴天气下加剧。海洋颗粒物通过介电损耗和多次散射消耗电磁能量,浑浊水域近岸区域信号衰减率倍增。海水因电离作用呈现高电导率,引发趋肤效应,迫使电磁波传播深度受限,百米以下信号强度骤降。海底地形起伏导致电磁波发生非均匀折射、反射及多径叠加,造成波形畸变和定位失准。这些因素相互耦合,形成复杂的衰减网络,严重制约水下通信、遥感及导航系统的可靠性和精度。

1. 地球磁场

地球磁场对海洋电磁研究造成的困难主要体现在其产生的复杂背景噪声和信号干扰:天然地磁场及其时空变化(如地磁脉动、日变效应)会与海洋中的感应电磁场相互耦合,显著掩盖目标地质体(如海底油气藏、热液矿床)的微弱电磁响应信号;同时,海水的高导电性导致电磁场快速衰减,加之地磁场引起的电磁波极化方向畸变,使得海底电磁探测设备需克服强地磁噪声背景下信噪比极低、信号解译难度大的挑战,这对传感器灵敏度、数据校正算法和反演模型精度提出了极高的要求。

为有效应对地球磁场带来的挑战,可采取以下策略。首先,构建一个高精度的地球磁场监测网络，在海洋的多个关键区域广泛部署磁力传感器，从而能够实时且精准地收集磁场数据信息。如此一来，研究人员在对电磁信号传播进行深入分析时，便能够依据所获取的精确磁场数据，及时且有效地对因磁场变化而产生的各类影响进行修正与调整。其次，着力开发一种基于人工智能技术的电磁传播模型。借助机器学习算法强大的学习能力，对大量包含丰富磁场变化情况以及电磁信号传播数据的样本进行深度学习与分析。通过这种方式，使得所构建的模型能够自动且灵活地适应地球磁场的动态变化过程，从而显著提升对电磁波传播路径预测的准确性与可靠性。

2. 运动海水感应

运动海水感应对海洋电磁研究造成的困难主要在于其动态干扰的复杂性：海水作为高导电流体，其运动会在垂直地磁场的分量上形成感应电流并激发次级电磁场，这些动态变化的背景场会与海底地质构造的被动源或主动源电磁信号产生非线性耦合，尤其在低频段形成强干扰；同时，海水运动的时空多尺度特征导致感应电磁场具有非平稳性和空间异质性，显著增加信号分离与去噪难度，须依赖高分辨率流体动力学模型与电磁场的多物理场耦合反演，但现有算法在计算效率和精度上仍存在瓶颈，且高频海洋湍流还会引入随机电磁噪声，进一步削弱目标信号的可靠提取与解释能力。

针对运动海水感应电磁场的挑战，相应的应对策略包括两个主要方面。一方面，积极采用先进的自适应滤波技术。根据运动海水感应电磁场的不同频率特征，精心设计具有动态调整功能的滤波器，并能够在实际应用过程中实时地对滤波参数进行优化调整。通过这种方式，有效地将目标电磁信号从复杂的混合信号环境中分离出来。另一方面，构建一个多参数耦合的电磁传播模型。将海浪高度、海流速度、内波振幅等多种海水运动参数与电磁感应场的计算过程紧密地结合在一起，并且，通过大量的现场实测数据对该模型进行反复校准与优化处理，使其能够精准地反映出在不同海水运动状态下电磁传播的实际情况，为海洋电磁学研究提供有力的理论支撑。

3. 海洋大气

海洋大气对海洋电磁研究造成的困难主要体现在多源耦合的电磁噪声与复杂界面效应上：大气中的雷电活动、电离层电流扰动会通过海气界面激发宽频带电磁场，穿透海水并与海底地质体的电磁响应信号叠加，形成非平稳干扰；同时，海面波浪、飞沫破碎等动力过程通过摩擦生电、电荷分离等机制产生高频界面电磁噪声，其强度与风速、波高非线性相关，严重影响浅海或近表层电磁探测的信噪比。此外，大气压变化驱动的地球固体潮和海洋负荷潮会调制海水电导率分布，并与地磁场相互作用产生附加感应电磁场，导致电磁信号呈现周期性畸变。此类多尺度、多物理场耦合的干扰要求探测系统具备宽动态范围和高抗噪能力，且需融合大气-海洋耦合模型进行动态噪声剥离，但现有技术对高频大气瞬变干扰的实时辨识与补偿仍存在显著不足，加剧了电磁数据反演的多解性和不确定性。

为了应对海洋大气带来的诸多挑战，可以采取以下策略。首先，充分利用卫星遥感技术以及地面气象站所收集的数据信息，实时获取海洋大气中的温度、湿度、压力以及颗粒物浓度等关键参数信息。然后，将这些数据信息准确地输入电磁传播模型之中，从而对大气折射、反射以及扩散效应进行精确地校正处理，以此提高模型对电磁波传播路径及损耗预测的准确性与可靠性。最后，大力研发新型的抗大气干扰天线。通过采用特殊的天线结构设计以及先进的材料选择技术，有效地降低大气反射和散射对信号接收过程所产生的不良影响，显著增强天线对微弱电磁信号的捕捉能力，为海洋电磁学研究提供更为稳定、可靠的信号接收保障。

4. 海洋颗粒物

海洋颗粒物对海洋电磁研究造成的困难主要源于其对海水电导率及电磁场传播特性的复杂扰动：颗粒物本身因成分差异会显著改变局部海水等效电导率，形成非均匀介质环境，导致电磁波传播路径畸变和衰减增强，尤其在低频电磁探测中诱发信号散射与多路径效应；同时，颗粒物与海水的界面极化效应会在交变电磁场激励下产生附加感应电流，叠加于目标地质体的电磁响应信号上，形成频散干扰；此外，颗粒物浓度的时空动态变化会引入非平稳电导率背景场，其与海水运动、温度盐度梯度的耦合作用进一步导致电磁场空间分布的非线性畸变，极大增加数据反演中多解性风险。现有模型常基于均匀或层状介质假设，难以精确量化颗粒物多尺度异质性的电磁耦合机制，使得噪声剥离与目标信号提取面临严峻挑战。

针对海洋颗粒物带来的挑战，可实施以下应对策略。其一，建立一个全面且详细的海洋颗粒物特性数据库。通过对不同海域、不同深度的颗粒物进行广泛的采样分析工作，精确地测定其大小、形状、成分以及分布等关键信息，并定期对数据库内容进行更新与完善。在进行电磁传播研究时，依据该数据库所提供的信息，能够准确地计算出颗粒物对电磁波的散射、吸收、反射以及色散等各种影响，为研究工作提供有力的数据支持。其二，积极研发基于量子技术的信号处理方法。充分利用量子态所具有的特殊性质，对那些受到颗粒物影响而产生畸变和时延的信号进行高效的恢复和补偿处理，从而显著提高信号的完整性与准确性，为海洋电磁学研究提供更为优质的信号处理保障。

5. 海水电离

海水电离对海洋电磁研究造成的困难集中体现在其对电磁场传播机制与信号特征的深度调制：海水作为强电离电解质，其高离子浓度导致电导率显著升高，使得电磁波在海水中的趋肤深度急剧减小，严重制约深部地质构造(如岩石圈、俯冲带)的电磁穿透能力与探测分辨率；同时，电离产生的离子在交变电磁场中发生迁移极化，引发强烈的介电弛豫与电导率频散效应，这导致电磁信号相位畸变和振幅非线性衰减，与目标地质体(如水合物、基岩断层)的电磁响应形成频谱混叠；此外，海水电离度受温度、盐度、压力的多参数耦合影响，其时空动态变化会诱发背景电导率非均匀扰动，使得电磁场传播路径与感应涡流分布难以精确建模，尤其在海底热液区或温盐分层显著海域，电离梯度引起的电磁异常易被误判为地质目标信号。现有反演方法虽引入电导率-温盐经验关系，但对瞬态电离涨落的动态校正仍存在滞后性，导致深部电磁成像出现"虚影"或"信号湮灭"等系统性偏差。

为应对海水电离带来的挑战，可采取以下策略。首先，构建一套完善的海水电离监测预警系统。通过在海洋中广泛部署电离传感器网络，实现对海水电离程度的实时监测，包括对自由电荷密度、电导率以及介电常数等关键参数的精确测量。一旦监测到电离程度超出正常范围，系统能够及时发出预警信息，以便研究人员能够迅速调整实验设备或研究方案，确保研究工作的顺利进行。其次，积极开发抗电离干扰的信号传输技术。采用特殊的编码和调制方式，如超宽带编码调制技术，使信号能够在电离环境中保持更为稳定的传输状态，有效地减少电离对信号的衰减和畸变影响。同时，利用先进的信号处理算法对电离产生的噪声和信号失真进行补偿和纠正处理，从而显著提升信号的质量和可分析性，为海洋电磁学研究提供更为可靠的信号传输保障。

6. 海底地形

海底地形对海洋电磁研究造成的困难集中体现在其对电磁场空间分布与传播路径的强烈扰动上：复杂海底地貌通过改变电磁波传播介质的几何边界，导致电磁场在水平与垂向的非均匀扩散，引发反射、折射及绕射效应，使电磁信号产生畸变（如地形阴影区信号衰减、陡坡区场强聚焦）；同时，海底地形起伏常伴随沉积层厚度、基底岩性等电性结构的突变，其与地磁场相互作用会激发地形感应涡流，产生与目标地质体电磁响应特征相似的次级电磁场，造成信号混叠与虚假异常；此外，崎岖地形导致海底电磁传感器布设困难，加剧数据空间采样不均匀性，而传统一维或二维反演模型难以准确刻画三维地形-电性耦合机制，尤其在洋中脊裂谷或海沟俯冲带等陡变区，地形引起的电磁场空间异质性与多解性显著降低深部构造的成像分辨率。现有技术虽引入地形校正因子或三维有限元建模，但对千米级地形突变与电导率梯度的联合反演仍存在计算效率低、边界条件假设过度简化等瓶颈，这导致深部电性结构重建误差放大。

针对海底地形的挑战，可采取以下应对策略。首先，利用高精度的海底地形测绘技术，如多波束测深系统、侧扫声呐等，详细绘制海底地形地貌图，并结合电磁传播模型，建立海底地形与电磁波传播特性的关联数据库。通过这个数据库，研究人员可以预估不同海底地形区域的电磁传播情况，为电磁设备的部署和信号处理提供依据。其次，研发智能自适应电磁信号处理算法，该算法能够根据接收到的电磁信号特征，自动识别海底地形类型，并动态调整信号处理参数，如对处于多径效应严重区域的信号进行多径分离和合并处理，对因沉积物层影响而衰减的信号进行增强补偿，以适应海底地形变化带来的信号干扰，提高电磁信号的传输质量和探测精度。再者，采用分布式电磁传感器网络布局，在不同海底地形区域合理布置传感器节点，通过多节点协同工作和数据融合，实现对海底电磁环境的全方位监测。这样不仅可以弥补地形导致的信号盲区，还能通过对比不同节点的数据，更精准地分析海底地形对电磁波传播的影响，为海洋电磁学研究和海洋资源勘探等应用提供更全面、可靠的数据支持。

1.4.3 研究潜在突破方向

海洋电磁学在应对诸多挑战与实施相应策略的进程中，展现出了广阔的发展前景，在理论研究、技术创新及应用等多方面均孕育着潜在的重大突破。

1. 理论研究维度

从理论研究角度来看，针对地球磁场和海底地形挑战所构建的高精度监测网络与人工智能模型，有望推动地球磁场与海洋电磁传播耦合理论的深度发展。通过海量磁场与电磁传播数据的积累及人工智能算法的深度挖掘，可能揭示出隐藏在复杂数据背后更为精确的物理规律与数学模型，实现对地球磁场影响下海洋电磁传播理论的精细化描述，建立起能够准确反映不同磁暴强度、不同区域磁场变化对电磁波传播路径、相位、幅度等多参数影响的综合理论体系，填补当前在复杂地球磁场环境下电磁传播理论研究的空白。

在运动海水感应电磁场方面，多参数耦合模型的构建与自适应滤波技术的应用为深入探究海水运动与电磁场相互作用机制提供了契机。未来理论研究可能突破传统的单一因素研究局限，构建起全面涵盖海浪、海流、海洋内波等多运动形式与电磁场多参数交互影响的统一理论框架，精确量化不同海况下电磁场的产生、传播、变化规律，为海洋动力学与电磁学的交叉融合开辟新的理论路径，使对海洋环境中电磁现象的本质有更深入的理解。

在海洋大气领域，借助卫星遥感和地面气象站数据校正电磁传播模型的实践，将促使大气-海洋-电磁多物理场耦合理论的创新发展。随着数据精度的不断提高与模型的持续优化，有望建立起能够准确描述大气温湿度、压力、颗粒物浓度等因素与海洋电磁传播特性之间非线性关系的理论模型，从宏观到微观层面深入解析大气对海洋电磁信号的折射、反射、散射及吸收等复杂过程的物理本质，为气象学、海洋学与电磁学的跨学科研究提供全新的理论基石。

在海洋颗粒物研究中，特性数据库的建立与量子信号处理技术的研发为微观电磁散射与吸收理论带来突破的曙光。通过对不同颗粒物特性的精确测定与量子技术在信号处理中的应用，有望深入到量子尺度研究海洋颗粒物与电磁波的相互作用机制，揭示出传统理论难以解释的微观电磁现象，如量子散射效应在海洋颗粒物中的表现及对电磁信号传播的影响，从而构建起从微观量子世界到宏观海洋电磁环境的统一理论桥梁，极大地丰富和完善海洋电磁学的基础理论体系。

在海水电离方面，监测预警系统与抗电离干扰技术的发展将助力海水电离与电磁传播复杂相互作用理论的构建。深入研究电离过程中海水电学特性、介电常数变化与电磁波传播参数变化之间的内在联系，建立起能够准确预测不同电离程度下电磁传播特性的理论模型，为理解海水电离对海洋电磁环境的影响机制提供坚实的理论支撑，填补在强电离海洋环境下电磁传播理论研究的空白。

2. 技术创新维度

从技术创新与应用前景而言，在地球磁场监测与电磁传播模型优化技术的推动下，可开发出高精度的海洋电磁导航与定位系统。该系统能够有效克服地球磁场干扰，为海洋航行、海洋资源勘探中的精准定位提供可靠技术保障，提高海洋作业的安全性与效率。在深海探测与海底资源开采中，精确的电磁导航可确保探测设备与作业工具精准到达预定位置，减少由定位误差导致的资源浪费与安全风险。

运动海水感应电磁场相关技术的创新可应用于海洋能源开发与海洋环境监测领域。通过深入理解海水运动与电磁场的关系，研发出高效的海水动能-电磁能转换装置，将海洋运动的巨大能量转化为电能，为海洋中的无人设备、监测站等提供可持续能源。同时，基于对运动海水感应电磁场的精确分析技术，可开发出高灵敏度的海洋环境监测传感器，实时监测海洋中的海流速度、海浪高度、海洋内波活动等参数，为海洋灾害预警、海洋生态研究提供精准的数据支持。

海洋大气校正技术与抗大气干扰天线技术的进步将极大地提升海洋通信与遥感技术的性能。在海洋通信方面，该技术能够有效减少大气因素对信号传输的干扰，实现更远距离、更高质量的海洋通信，满足海洋科考、海上作业、海洋军事等多领域对高速、稳定通信的需求。在海洋遥感领域，该技术可提高对海洋表面信息、海洋大气参数等的遥感探测精度，为全球气候变化研究、海洋资源评估等提供更准确的数据来源。

海洋颗粒物相关技术创新在海洋探测与海洋工程领域具有广阔的应用前景。基于海洋颗粒物特性数据库与量子信号处理技术，开发出高分辨率的海洋电磁探测设备，能够穿透海洋颗粒物的干扰，清晰地探测到海底地质结构、海底矿产资源等信息，为海洋资源勘探提供有力技术手段。在海洋工程中，可依据对颗粒物影响电磁信号传播规律的深入理解，优化水下通信与监测系统的设计，确保海洋工程设施的安全运行与有效监控。

海水电离相关技术的发展可应用于海洋电磁防护与特殊环境下的海洋作业。开发出有效的海水电离电磁防护技术，保护海洋中的电子设备、通信系统免受电离辐射的干扰与破坏，保障海洋作业的正常进行。例如，在核电站附近海域或存在高能量辐射源的海洋区域，电磁防护技术可确保海洋生态系统与海洋作业的安全稳定。同时，抗电离干扰的信号传输技术可应用于深海极端环境下的电磁通信与探测，拓展人类对深海电磁环境的认知与探索范围。

综上所述，海洋电磁学在应对现有挑战的过程中，无论是理论研究还是技术创新与应用，都将在未来取得长足的发展，为人类认识海洋、开发海洋、保护海洋提供更为强大的科学与技术支撑。

思 考 题

1.1 请简要介绍海洋电磁学的定义。

1.2 海洋电磁学涉及哪些基础学科知识？与基础电磁理论相比，海洋电磁学的不同之处和难点在哪里？

1.3 简要介绍海洋电磁学的工程应用领域有哪些，分别有什么实际意义？

1.4 海洋中的颗粒物对电磁波在海洋中的传播会产生哪些不利的影响？

第 2 章 电磁学基本知识

本章旨在为读者提供电磁学的基本知识，为理解海洋环境中的电磁现象奠定基础。本章首先，概述了海洋电磁学的基本物理量和概念，包括电场、磁场以及描述它们的麦克斯韦（Maxwell）方程组、边界条件和时变电磁场；接下来，详细探讨了电磁场的产生与传播，介绍了波动方程、均匀平面波和极化等关键内容；然后，讨论了电磁波与物质的相互作用，解释了电磁波在物质中的传播特性，以及反射、透射、散射和衍射等现象；此外，还介绍了传输线与波导的基本原理，解析了它们在电磁波传输中的作用；最后，概述了天线的基础知识，解释了天线在电磁波发射与接收中的重要性。通过这一章的学习，读者将理解海洋电磁学所需的基础电磁学知识，为后续章节的探讨做好准备。

2.1 电磁场基本概念和定义

2.1.1 电磁场中的基本物理量

1. 电场基本物理量

根据电磁学理论，电荷是产生电场的源。电荷是物质所具有的一种基本属性，它是描述物质内部粒子所带电性质的物理量。当谈到电荷时，指的是物体所带的基本粒子的属性，这些基本粒子可以是正电荷或负电荷。电荷的符号是 q，单位是库仑（C）。电荷是一个量子化的属性，即它只能以整数倍的元电荷存在。

电荷密度是描述某个区域内电荷分布的指标，可以分为电荷体密度、电荷面密度和电荷线密度三种。

电荷体密度是指在一个三维区域内的电荷总量与该区域体积之比。电荷体密度用符号 ρ 表示，单位是库仑/米^3（C/m^3）。电荷体密度可以通过对区域内所有电荷的叠加求和来计算。

电荷面密度是指在一个二维区域单位面积上的电荷总量。电荷面密度用符号 ρ_s 表示，单位是库仑/米^2（C/m^2）。

电荷线密度是指沿着一条线的单位长度上的电荷总量。电荷线密度用符号 ρ_l 表示，单位是库仑/米（C/m）。

电荷密度的概念在许多物理问题中都是非常有用的，例如，在电场计算、电荷传导、电荷分布和电势能的计算中都需要知道电荷密度的信息。了解电荷与电荷密度的概念可以帮助更好地理解电学现象，并进行相关的计算和分析。

电场强度 E 是描述电场中电荷受力情况的物理量。电场强度可以用矢量表示，它的大小表示单位正电荷所受到的力，方向表示力的方向。在某一点处的电场强度可以通过式(2-1)计算得到：

$$E = F / q \tag{2-1}$$

式中，F是正电荷在该点所受的电力；q是单位正电荷的大小。电场强度的方向与正电荷在该点所受力的方向相同。

电位移矢量D是电场中描述电荷偏移的物理量。它是一个矢量，具有方向和大小，用于描述单位正电荷周围的电荷密度分布情况。电位移矢量D表示单位正电荷周围的电荷密度分布情况。它是电场强度E与介质性质之间的关系，用来描述介质中的电荷分布对电场的影响。电位移矢量与电场强度的方向相同。电位移矢量的大小与所在介质的电学性质有关，介质的电介质常数越大，电位移矢量在介质中越大。

2. 磁场基本物理量

根据电磁学理论，电流是产生磁场的源。电流指的是电荷在导体中流动的现象。电流是电荷通过导体携带能量的方式，是电荷流动的数量指标。电流的符号是I，单位是安培（A），表示每秒通过导体截面的电荷量。电流可正可负，正电流表示正电荷的流动方向，负电流表示负电荷的流动方向。

电流密度则是用于描述电流分布的指标，它表示单位面积或单位截面上的电流量。电流密度用符号J表示，单位是安培/米^2（A/m^2）。电流密度是一个矢量，它的大小表示单位面积内电流通过的总量，而方向表示电流的流动方向。电流密度可以通过电流与导体的横截面积的比值来计算，即$J = I/S$，其中I表示电流，S表示导体的横截面积。电流密度的概念在电路分析和电磁学中都是非常重要的。在电路中，可以根据电流密度和导体的几何形状计算导体内的电流分布。在电磁学中，电流密度是计算磁场的重要参数，根据安培定律，磁场的旋度与电流密度成正比。

根据前面的介绍可知，磁场是由运动电荷产生的，并且可以通过磁感应强度B和磁场强度H来描述。其中，磁感应强度是描述磁场的物理量，它是一个矢量，表示磁场的方向和强度。在物理上，磁感应强度是由一个点的磁力对单位测试电荷的大小决定的。如果一个电荷q在磁场中运动，并且速度为v，那么它将受到一个磁力F，其大小可以通过式(2-2)计算：

$$F = qv \cdot B \tag{2-2}$$

这个公式说明磁场对运动电荷施加一个垂直于其速度方向和磁场方向的力。

磁场强度通常用H表示，也称为磁场强度矢量。它与磁感应强度有关，但并不完全相同。磁场强度描述磁场中物质的响应程度，通常用于分析材料中的磁性。磁场强度矢量是由磁场中的自由电流或自由磁极产生的。在真空中，磁场强度和磁感应强度之间的关系为

$$B = \mu_0 H \tag{2-3}$$

式中，μ_0是真空中的磁导率。这个关系表明磁感应强度和磁场强度之间存在一种线性关系，其比例常数是真空中的磁导率。总体来说，磁感应强度和磁场强度是磁场中两个重要的物理量，它们共同描述了磁场的性质和行为。

3. 描述媒质电磁特性的基本物理量

当讨论媒质的电磁特性时，主要关注的物理量包括电介质的介电常数、磁介质的磁导率，以及导电介质的电导率。这些物理量在描述媒质对电磁场的响应和影响时非常重要。

1）电导率

导电介质主要涉及电导率。电导率通常用符号σ表示，它描述了媒质对电流的传导能

力。电导率越高,媒质对电流的传导能力越强。导电介质中存在自由电荷或电子,这些电荷在电场作用下会形成电流。电导率描述了媒质对电流的传导能力,与媒质的电导性质直接相关。

2) 介电常数

电介质中主要涉及介电常数,它描述了材料在电场中的极化能力,通常用符 ε 表示。介电常数越大,媒质对电场的响应能力越强。当电场作用于电介质时,其原子或分子会发生极化,产生极化电荷。介电常数就是描述这种极化效应的物理量,它与媒质的极化性质直接相关。

在自由空间中,介电常数表示为 ε_0,其值约为 $8.85\times10^{-12}\ \mathrm{C^2/(N\cdot m^2)}$。

在真实环境中,物质都是存在损耗的,在有损耗的情况下介电常数由复数表示,实部(ε')和虚部(ε'')分别表示储能能力和能量损耗。对于不同的物质,存在着不同类型的损耗。如在电介质中,由于存在电极化损耗,复介电常数表示为

$$\varepsilon = \varepsilon' - \mathrm{j}\varepsilon'' \tag{2-4}$$

在导电介质中,由于存在欧姆损耗,复介电常数表示为

$$\varepsilon = \varepsilon' - \mathrm{j}\frac{\sigma}{\omega} \tag{2-5}$$

当媒质同时存在电极化损耗和欧姆损耗时,其等效复介电常数可写为

$$\varepsilon = \varepsilon' - \mathrm{j}\left(\varepsilon'' + \frac{\sigma}{\omega}\right) \tag{2-6}$$

3) 磁导率

磁介质中主要涉及磁导率,磁导率通常用符号 μ 表示,它描述了媒质对磁场的响应能力。磁导率越大,媒质对磁场的响应能力越强。在有损耗的情况下,磁导率同样分为实部(μ')和虚部(μ''):

$$\mu = \mu' - \mathrm{j}\mu'' \tag{2-7}$$

4) 损耗正切

损耗正切($\tan\delta$)是用来描述材料损耗大小的一个参量,定义为复数介电常数的虚部与实部之比。

对于导体,$\varepsilon''\approx 0$,则有

$$\tan\delta = \frac{\sigma}{\omega\varepsilon} \tag{2-8}$$

对于介质,$\sigma\approx 0$,则有

$$\tan\delta = \frac{\varepsilon''}{\varepsilon'} \tag{2-9}$$

对于任意材料,则有

$$\tan\delta = \frac{\varepsilon''}{\varepsilon'} + \frac{\sigma}{\omega\varepsilon} \tag{2-10}$$

2.1.2 静态电磁场

1. 静电场

静电场是指不随时间变化的电场。它是由电荷所产生的电场的分布效应。在静电场中,

电场的强度不随时间变化,因此它的各个部分都保持静止。想要深入理解静电场,需要从其基本方程、边界条件和位函数开始了解。

静电场基本方程是用来描述静电场的数学方程,它是基于库仑定律建立的。根据库仑定律,两个电荷之间的相互作用力与它们之间的距离成反比,与电荷的大小成正比。利用这个定律,可以得到静电场的基本方程如下。

微分形式:

$$\nabla \cdot \boldsymbol{E} = \rho / \varepsilon \tag{2-11}$$

$$\nabla \times \boldsymbol{E} = 0 \tag{2-12}$$

积分形式:

$$\oint_S \boldsymbol{E} \cdot \mathrm{d}\boldsymbol{S} = Q / \varepsilon \tag{2-13}$$

$$\oint_\ell \boldsymbol{E} \cdot \mathrm{d}\boldsymbol{l} = 0 \tag{2-14}$$

式中,$\varepsilon = (1/(36\pi)) \times 10^{-9}$ 法拉/米(F/m)。

电场强度 $\boldsymbol{E}$ 等于电荷 q 除以电场点到电荷的距离的平方 r^2,再乘以一个常数 k_C(库仑常数),即

$$\boldsymbol{E} = k_C q / r^2 \tag{2-15}$$

静电场的边界条件是指在两个不同介质边界上,电场的性质和数值的关系。根据静电场的边界条件,电场由一种介质进入另一种介质时,必须满足两个条件:法向电场的分量和切向电场的分量在界面上是连续的。这意味着电场的法向分量和切向分量在两种介质间的边界上必须保持连续,才能满足物理规律。

静电场的位函数是表示电场能量的一种数学形式。在静电场中,电场的能量可以用位函数来表示。位函数 φ 是与单位正电荷从某一点到参考点的移动相关的,它表示了空间不同点之间的电势差。位函数是标量,它的数值与电场势能的大小相关。根据位函数的概念,静电场的电场强度可以表示为负的位函数梯度,即

$$\boldsymbol{E} = -\nabla \varphi \tag{2-16}$$

通过深入理解静电场的概念、基本方程、边界条件和位函数,可以进一步研究电荷分布、电场线、电势能和电场能量等相关的物理现象。这些知识对于理解静电场的行为和应用于电磁学、电动力学和电工技术等领域都具有重要意义。

2. 恒定电场

与静电场类似,恒定电场也是指电场的强度在时间上不发生变化。这种类型的电场通常是由静止电荷分布所形成的,或者是由一些特殊的电场源产生的,这些电场源保持恒定不变。在物理学中,研究恒定电场是为了更深入地理解电荷和电场之间的相互作用,以及电场在空间中的分布和性质。恒定电场基本方程是用来描述恒定电场的数学方程,在恒定电场中,电场强度对于任何给定的电荷都是恒定的,不会随着位置的变化而改变。

对于恒定电场,基本方程可以表示为以下形式。

微分形式：

$$\begin{cases} \nabla \cdot \boldsymbol{J} = 0 \\ \nabla \times \boldsymbol{E} = 0 \end{cases} \quad (2\text{-}17)$$

积分形式：

$$\begin{cases} \oint_S \boldsymbol{J} \cdot \mathrm{d}\boldsymbol{S} = 0 \\ \oint_C \boldsymbol{E} \cdot \mathrm{d}\boldsymbol{l} = 0 \end{cases} \quad (2\text{-}18)$$

恒定电场的边界条件是指在不同介质或不同区域的边界上，电场的性质和数值的关系。在恒定电场中，边界条件通常可以通过考虑电场的连续性和电荷密度来确定。根据恒定电场的边界条件，电场在介质边界上的法向分量和切向分量必须满足以下条件。

1) 法向分量的连续性

在介质边界上，电场的法向分量必须保持连续，即电场强度的大小在边界上不会突然改变。

2) 切向分量的连续性

在介质边界上，电场的切向分量也必须保持连续，这意味着电场的方向在边界上不会发生突变。

通过满足这些边界条件，可以建立起恒定电场在不同介质或不同区域之间的连续性和稳定性。

恒定电场的位函数是一种表示电场能量的数学形式，在恒定电场中，电场的能量可以通过位函数来描述。位函数通常定义为单位正电荷从某一点到参考点的移动所做的功。位函数可以表示为

$$V = \boldsymbol{E} \cdot (\boldsymbol{r}_1 - \boldsymbol{r}_0) \quad (2\text{-}19)$$

式中，V 是位函数；E 是电场强度；r_1 和 r_0 分别是参考点和待求点的位置矢量。根据位函数的定义，可以通过对电场强度进行积分来计算单位正电荷从一个位置到另一个位置的电势差，从而得到位函数的数值。位函数是一种标量，它的数值与电场的势能和电势能相关联。在恒定电场中，位函数可以用来计算电场的势能分布，并进一步研究电场的性质和行为。

总的来说，恒定电场是指在空间中保持不变的电场，它可以通过基本方程、边界条件和位函数来描述和分析。通过深入研究恒定电场，可以更好地理解电荷和电场之间的相互作用，以及电场在空间中的分布和性质。

3. 恒定磁场

恒定磁场是指在空间中保持不变的磁场。类似于恒定电场，恒定磁场也是指磁场的强度在时间上不发生变化。这种类型的磁场通常是由静止电荷产生的电流所形成的，或者是由一些特殊的磁场源产生的，这些源保持恒定不变。在物理学中，研究恒定磁场是为了更深入地理解电流和磁场之间的相互作用，以及磁场在空间中的分布和性质。

恒定磁场的基本方程是用来描述恒定磁场的数学方程，它是建立在安培环路定理的基础上的。安培环路定理描述了通过一个闭合曲面的磁场强度与该路径所围绕的电流的总量成正比。对于恒定磁场，基本方程可以表示为积分和微分形式。

积分形式：

$$\oint_S \boldsymbol{B} \cdot \mathrm{d}\boldsymbol{S} = 0 \tag{2-20}$$

微分形式：

$$\nabla \times \boldsymbol{B} = 0 \tag{2-21}$$

这意味着在恒定磁场中，磁感应强度沿着任何给定的闭合曲面的积分是恒定的，不会随着路径的变化而改变。

恒定磁场的另一重要部分是边界条件，边界条件是指在不同介质或不同区域的边界上，磁场的性质和数值的关系。在恒定磁场中，边界条件通常可以通过考虑磁场的连续性和磁场源的性质来确定。根据恒定磁场的边界条件，磁场在介质边界上的法向分量和切向分量必须满足以下条件。

1) 法向分量的连续性

在介质边界上，磁场的法向分量必须保持连续，即磁感应强度的大小在边界上不会突然改变。

2) 切向分量的连续性

在介质边界上，磁场的切向分量也必须保持连续，这意味着磁场的方向在边界上不会发生突变。

通过满足这些边界条件，可以建立起恒定磁场在不同介质或不同区域之间的连续性和稳定性。

恒定磁场的位函数是一种表示磁场能量的数学形式，在恒定磁场中，磁场的能量可以通过位函数来描述。位函数通常定义为单位磁场源从某一点到参考点的移动所做的功。在恒定磁场中，位函数可以表示为

$$W = \boldsymbol{B} \cdot (\boldsymbol{r}_1 - \boldsymbol{r}_0) \tag{2-22}$$

式中，W 是位函数；$\boldsymbol{B}$ 是磁感应强度；$\boldsymbol{r}_1$ 和 $\boldsymbol{r}_0$ 分别是参考点和待求点的位置矢量。根据位函数的定义，可以通过对磁感应强度进行积分来计算单位磁场源从一个位置到另一个位置的磁势能差，从而得到位函数的数值。位函数是一种标量，它的数值与磁场的势能相关联。在恒定磁场中，位函数可以用来计算磁场的势能分布，并进一步研究磁场的性质和行为。

总的来说，恒定磁场是指在空间中保持不变的磁场，它可以通过基本方程、边界条件和位函数来描述和分析。通过深入研究恒定磁场，可以更好地理解电流和磁场之间的相互作用，以及磁场在空间中的分布和性质。

2.1.3 电磁场的边界条件

边界条件

在电磁问题中，经常会遇到由不同本征参数的介质构成的相邻区域。为了解决这种情况下各个区域的电磁场问题，必须了解两种不同介质的分界面上电磁场量的关系。电磁场的边界条件需要从麦克斯韦方程组导出。由于在不同介质的分界面上，介质的磁导率 μ 和电导率 σ 等发生突变，某些场分量也会随之发生变化，方程组的微分形式失去意义。因此，需要根据积分形式的麦克斯韦方程组来导出边界条件。此外，为了使边界条件不受所采用的坐标系的限制，可以将场矢量在分界面上分解为与分界面垂直的法向分量和平行于分界面的切向分量。边界条件在解决电磁问题过程中非常重要。只有当麦克斯韦方程组的通解应用于包含特定区域和边界条件的实际问题时，该解才有实际意义，且在数学上具有唯一性。

1. 麦克斯韦方程组

麦克斯韦电磁理论的基础源自电磁学的三大实验定律：库仑定律、毕奥-萨伐尔定律和法拉第电磁感应定律。这些定律针对静电场、静磁场和缓慢变化的电磁场分别得出，在特定条件下适用，缺乏普适性。然而，它们提供了麦克斯韦理论的必要基础。

麦克斯韦在发展宏观电磁理论时提出了两个基本假设和其他假设。第一个基本假设涉及位移电流，即变化的电场也产生磁场，揭示了时变电场的影响。第二个基本假设则涉及有旋电场，即变化的磁场产生感应电场，这个电场与库仑电场类似，但有旋性质。这些假设解释了时变磁场引起的电场效应。

此外，麦克斯韦提出了其他假设，如高斯(Gauss)定律在时变条件下仍成立，以及毕奥-萨伐尔定律导出的磁通连续性原理在时变条件下也成立。

综上所述，麦克斯韦基于前人实验结果，考虑到时间变化因素，提出了科学假设和合乎逻辑的分析，并在1864年总结出了麦克斯韦方程组。

1) 积分形式

麦克斯韦方程组的积分形式描述的是一个大范围内(任意闭合面或闭合曲线所占空间范围)场与场源(电荷、电流以及时变的电场和磁场)相互之间的关系。按习惯依次排列如下。

麦克斯韦第一方程：

$$\oint_C \boldsymbol{H} \cdot \mathrm{d}\boldsymbol{l} = -\frac{\mathrm{d}}{\mathrm{d}t} \iint_S \boldsymbol{D} \cdot \mathrm{d}\boldsymbol{S} + I \tag{2-23}$$

其含义是磁场强度沿任意闭合曲线的环量，等于穿过以该闭合曲线为周界的任意曲面的传导电流与位移电流之和。

麦克斯韦第二方程：

$$\oint_C \boldsymbol{E} \cdot \mathrm{d}\boldsymbol{l} = -\frac{\mathrm{d}}{\mathrm{d}t} \iint_S \boldsymbol{B} \cdot \mathrm{d}\boldsymbol{S} \tag{2-24}$$

其含义是电场强度沿任意闭合曲线的环量，等于穿过以该闭合曲线为周界的任意曲面的磁通量变化率的负值。

麦克斯韦第三方程：

$$\oint_S \boldsymbol{B} \cdot \mathrm{d}\boldsymbol{S} = 0 \tag{2-25}$$

其含义是穿过任意闭合曲面的磁感应强度的通量恒等于0。

麦克斯韦第四方程：

$$\oint_S \boldsymbol{D} \cdot \mathrm{d}\boldsymbol{S} = Q \tag{2-26}$$

其含义是穿过任意闭合曲面的电位移的通量等于该闭合面所包围的自由电荷的代数和。

式(2-23)~式(2-26)中，$\boldsymbol{B}$是磁感应强度；$\boldsymbol{E}$是电场强度；$\boldsymbol{H}$是磁场强度；S表示闭合曲面；$\mathrm{d}\boldsymbol{S}$表示面积元矢量；Q是被该曲面所包围的电荷量；$\boldsymbol{l}$是闭合路径；$\boldsymbol{D}$是电位移矢量；I是流过闭合曲面S的总电流。

2) 微分形式

麦克斯韦方程组的微分形式描述了空间任意一点场的变化规律。按前述顺序依次为

$$\nabla \times \boldsymbol{H} = \boldsymbol{J} + \frac{\partial \boldsymbol{D}}{\partial t} \tag{2-27}$$

$$\nabla \times \boldsymbol{E} = -\frac{\partial \boldsymbol{B}}{\partial t} \tag{2-28}$$

$$\nabla \cdot \boldsymbol{B} = 0 \tag{2-29}$$

$$\nabla \cdot \boldsymbol{D} = \rho \tag{2-30}$$

式(2-27)显示,时变磁场不仅由传导电流产生,也由位移电流产生。位移电流代表电位移的变化率,因此该式揭示了时变电场产生时变磁场。

式(2-28)表明,时变磁场产生时变电场。

式(2-29)表明,磁通永远是连续的,磁场是无散度场。

式(2-30)表明,空间任意一点若存在正电荷体密度,则该点发出电位移线;若存在负电荷体密度,则电位移线汇聚于该点。

麦克斯韦对宏观电磁理论的重大贡献是预言了电磁波的存在。这个伟大的预言后来被著名的"赫兹实验"证实,从而为麦克斯韦宏观电磁理论的正确性提供了有力的证据。

3) 本构关系

在电磁学中,本构关系指的是介质的响应特性,如电介质的极化和磁介质的磁化。本构关系描述了电场和磁场与介质内部微观结构之间的相互作用。对于电介质,本构关系通常表示为极化矢量与电场的关系,而对于磁介质,则表示为磁化矢量与磁场的关系。其方程分别为

$$\boldsymbol{D} = \varepsilon \boldsymbol{E} \tag{2-31}$$

$$\boldsymbol{B} = \mu \boldsymbol{H} \tag{2-32}$$

$$\boldsymbol{J} = \sigma \boldsymbol{E} \tag{2-33}$$

这些关系可以用线性或非线性模型来描述,其中线性模型是最常见的。通过本构关系,可以更好地理解介质的响应和电磁场的传播。

2. 边界条件的一般形式

电磁场的边界条件来源于麦克斯韦方程组和物理连续性要求。在不同媒质的交界面上,电场强度 $\boldsymbol{E}$ 和磁场强度 $\boldsymbol{H}$ 的分量需要满足特定的条件,以确保电磁场的连续性和物理意义。这些边界条件包括以下几方面。

1) 电场的切向分量

电场强度 $\boldsymbol{E}$ 的切向分量在界面上是连续的。数学表达式:

$$(\boldsymbol{E}_1 - \boldsymbol{E}_2) \cdot \boldsymbol{n} = 0 \tag{2-34}$$

2) 电场和电位移场的法向分量

电位移矢量 $\boldsymbol{D}$ 的法向分量在界面上可能不连续,其跳跃量与界面上的自由电荷密度 σ_f 相关。其数学表达式:

$$(\boldsymbol{D}_1 - \boldsymbol{D}_2) \cdot \boldsymbol{n} = \sigma_f \tag{2-35}$$

式中,$\boldsymbol{D}_1$ 和 $\boldsymbol{D}_2$ 分别是界面两侧的电位移矢量;$\boldsymbol{n}$ 是界面的法向单位矢量。

3) 磁场的切向分量

磁场强度 $\boldsymbol{H}$ 的切向分量在界面上的跳跃量与界面上的电流密 $\boldsymbol{J}$ 相关,数学表达式:

$$(\boldsymbol{H}_1 - \boldsymbol{H}_2) \cdot \boldsymbol{n} = J \tag{2-36}$$

磁场强度 $\boldsymbol{H}$ 的边界条件示意图如图 2-1 所示。

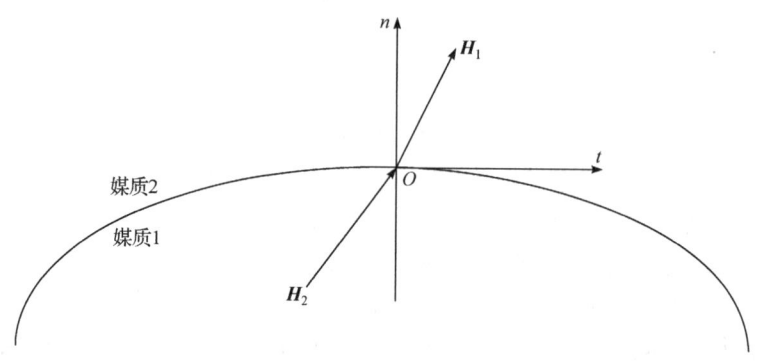

图 2-1 $\boldsymbol{H}$ 的边界条件

4) 磁场和磁感应强度的法向分量

磁感应强度 $\boldsymbol{B}$ 的法向分量在界面上是连续的。数学表达式：

$$(\boldsymbol{B}_1 - \boldsymbol{B}_2) \cdot \boldsymbol{n} = 0 \tag{2-37}$$

3. 理想介质分界面的边界条件

理想介质是指电导率为零的非导电材料，它们可以是电介质、绝缘体或非磁性材料。设媒质 1 和媒质 2 是两种不同的理想介质，在理想介质分界面上，不可能存在自由面电荷和面电流。因此电磁场边界条件有以下具体表现：

$$(\boldsymbol{H}_1 - \boldsymbol{H}_2) \times \boldsymbol{n} = 0 \tag{2-38}$$

$$(\boldsymbol{E}_1 - \boldsymbol{E}_2) \times \boldsymbol{n} = 0 \tag{2-39}$$

$$(\boldsymbol{B}_1 - \boldsymbol{B}_2) \cdot \boldsymbol{n} = 0 \tag{2-40}$$

$$(\boldsymbol{D}_1 - \boldsymbol{D}_2) \cdot \boldsymbol{n} = 0 \tag{2-41}$$

4. 理想导体表面的边界条件

假设媒质 1 为理想介质，媒质 2 为理想导体。理想导体内部不存在电场，其所带的电荷只分布于导体表面。再根据麦克斯韦方程组所描述的 $\boldsymbol{E}$、$\boldsymbol{D}$ 与 $\boldsymbol{B}$、$\boldsymbol{H}$ 间的关系，可知理想导体内部 $\boldsymbol{D}_2 = 0$，$\boldsymbol{B}_2 = 0$，$\boldsymbol{H}_2 = 0$。因此，理想导体表面上的边界条件为

$$\boldsymbol{H}_1 \times \boldsymbol{n} = \boldsymbol{J}_S \tag{2-42}$$

$$\boldsymbol{E}_1 \times \boldsymbol{n} = 0 \tag{2-43}$$

$$\boldsymbol{B}_1 \cdot \boldsymbol{n} = 0 \tag{2-44}$$

$$\boldsymbol{D}_1 \cdot \boldsymbol{n} = \rho_S \tag{2-45}$$

2.1.4 时变电磁场

在静电场中，曾简单介绍过位函数，此处会介绍时变电磁场中的位函数。电磁场的位函

数包括矢量位和标量位，它们是描述电磁场的基础工具。这些位函数提供了一种方便的方法来表述电场和磁场，使得求解麦克斯韦方程组变得更加简单。达朗贝尔方程则是在电磁场理论中重要的波动方程，描述了电磁波的传播。矢量位和标量位是电磁场的两种位函数。电场和磁场可以通过这些位函数来表示，使得麦克斯韦方程组能够更加简洁地表述。

标量位 ϕ 用来描述电场的势能。矢量位 $\boldsymbol{A}$ 用来描述磁场。对于时变电磁场，电场 $\boldsymbol{E}$ 可以表示为

$$\boldsymbol{E} = -\nabla\phi - \frac{\partial \boldsymbol{A}}{\partial t} \tag{2-46}$$

磁感应强度 $\boldsymbol{B}$ 可以表示为

$$\boldsymbol{B} = \nabla \times \boldsymbol{A} \tag{2-47}$$

达朗贝尔方程是一种描述波动现象的偏微分方程，它在电磁场理论中起着重要作用。达朗贝尔方程的标准形式为

$$\nabla^2 \psi - \frac{1}{v^2}\frac{\partial^2 \psi}{\partial t^2} = 0 \tag{2-48}$$

式中，ψ 是待求解的场函数；v 是波速。在电磁场中，达朗贝尔方程用于描述电磁波的传播。

坡印亭定理是描述电磁场中的能量流动和守恒的一条重要定律，由英国物理学家约翰·亨利·坡印亭（John Henry Poynting）于 1884 年提出。该定理将电磁场中的能量密度与能量流量联系起来，对理解电磁能量的传递、散射和吸收具有重要意义。下面，将详细介绍电场能量密度、磁场能量密度、电磁能量密度、坡印亭定理和坡印亭矢量。

电场能量密度表示单位体积中存储的电场能量。根据电场能量的定义，电场的能量密度 u_E 可以表示为

$$u_E = \frac{1}{2}\varepsilon_0 E^2 \tag{2-49}$$

式中，ε_0 是自由空间的介电常数；E 是电场强度的大小。电场能量密度可以通过对一个特定体积进行积分，得到该体积内的总电场量：

$$W_E = \int_V u_E \mathrm{d}V = \int_V \frac{1}{2}\varepsilon_0 E^2 \mathrm{d}V \tag{2-50}$$

类似地，磁场能量密度表示单位体积中存储的磁场能量。磁场能量密度 u_H 可以表示为

$$u_H = \frac{1}{2}\mu_0 H^2 \tag{2-51}$$

式中，μ_0 是自由空间的磁导率，约为 $4\pi \times 10^{-7}\,\mathrm{H/m}$。磁场能量密度也可以通过对一个特定体积进行积分，得到该体积内的总磁场能量：

$$W_H = \int_V u_H \mathrm{d}V = \int_V \frac{1}{2}\mu_0 H^2 \mathrm{d}V \tag{2-52}$$

电磁能量密度 u 是电场能量密度和磁场能量密度的总和，表示单位体积中存储的总电磁能量。电磁能量密度 u 可以表示为

$$u = u_E + u_H \tag{2-53}$$

总电磁能量 W 可以通过对一个特定体积进行积分得到

$$W = \int_V \left(\frac{1}{2}\mu_0 H^2 + \frac{1}{2}\varepsilon_0 E^2\right) dV \qquad (2\text{-}54)$$

为了揭示电磁能量的流动规律,以及描述电磁场中的能量守恒,坡印亭定理被提出。该定理的核心是坡印亭矢量 $\boldsymbol{S}$,它表示电磁能量的流率或功率密度,坡印亭矢量 $\boldsymbol{S}$ 定义为

$$\boldsymbol{S} = \boldsymbol{E} \times \boldsymbol{H} \qquad (2\text{-}55)$$

完整的坡印亭定理为

$$\nabla \cdot \boldsymbol{S} + \frac{\partial u}{\partial t} = -\boldsymbol{E} \cdot \boldsymbol{J} \qquad (2\text{-}56)$$

它的物理意义是在任意一个体积内,电磁能量的变化等于通过边界的电磁能量流减去电场对电流做的功。u 是电磁能量密度,$\frac{\partial u}{\partial t}$ 是电磁能量密度的时间变化率,$\nabla \cdot \boldsymbol{S}$ 表示电磁能量流的散度。

时谐电磁场是一种在电磁波理论和实际应用中非常常见的时变电磁场,它是指电磁场的强度在时间上呈正弦形式变化。时谐电磁场的分析利用复数表示法可以大大简化。这种方法不仅适用于求解麦克斯韦方程组,也适用于研究电磁波的传播、反射和折射等问题。下面将详细介绍复矢量形式、复矢量的麦克斯韦方程组、亥姆霍兹方程、时谐场位函数、平均坡印亭矢量。通过引入复矢量表示法,将复杂的时域分析问题转化为更易处理的频域问题。这种方法大大简化了麦克斯韦方程组的求解过程,并使得能够更方便地研究电磁波的传播特性。

复矢量形式的麦克斯韦方程组和亥姆霍兹方程是时谐电磁场分析的基础,通过这些方程可以准确描述电磁场在均匀介质中的行为。时谐场的位函数进一步简化了电磁场的求解过程,平均坡印亭矢量则提供了对电磁能量流动的深入理解。

在时谐电磁场分析中,假设所有的场量都以时间为周期的正弦函数形式变化。为了简化计算,通常使用复数形式来表示这些正弦波。一个随时间变化的场量 $F(t)$ 可以表示为

$$F(t) = \Re\left\{F_0 \mathrm{e}^{\mathrm{j}\omega t}\right\} \qquad (2\text{-}57)$$

式中,F_0 是复数形式的幅值,包含了振幅和初相位的信息;ω 是角频率;$\mathrm{e}^{\mathrm{j}\omega t}$ 是随时间变化的复指数。这种表示方式利用欧拉公式将正弦和余弦函数的表示统一为复数形式。这样,复杂的三角函数计算可以转化为复数的简单运算。

在时谐电磁场中,麦克斯韦方程组可以用复矢量表示。考虑自由空间中的电磁场,复矢量的麦克斯韦方程组为

$$\nabla \cdot \boldsymbol{E}_0 = \frac{\rho_0}{\varepsilon_0} \qquad (2\text{-}58)$$

$$\nabla \cdot \boldsymbol{B}_0 = 0 \qquad (2\text{-}59)$$

$$\nabla \times \boldsymbol{E}_0 = -\mathrm{j}\omega \boldsymbol{B}_0 \qquad (2\text{-}60)$$

$$\nabla \times \boldsymbol{H}_0 = \boldsymbol{J}_0 + \mathrm{j}\omega \boldsymbol{D}_0 \qquad (2\text{-}61)$$

式中,$\boldsymbol{D}_0 = \varepsilon \boldsymbol{E}_0$ 和 $\boldsymbol{B}_0 = \mu \boldsymbol{H}_0$ 分别是复数形式的电位移矢量和磁感应强度矢量;ρ_0 和 $\boldsymbol{J}_0$ 是复数形式的电荷密度和电流密度。以上四个方程又分别称为电场与磁场的高斯定律、法拉第电磁感应定律以及安培-麦克斯韦定律。

为了解决波动方程中关于空间和时间的依赖问题，亥姆霍兹方程被提出，该方程是描述时谐电磁场在自由空间或均匀介质中传播的基本方程。

磁场的亥姆霍兹方程：

$$\nabla^2 \boldsymbol{H}_0 + \omega^2 \varepsilon\mu \boldsymbol{H}_0 = 0 \tag{2-62}$$

电场的亥姆霍兹方程：

$$\nabla^2 \boldsymbol{E}_0 + \omega^2 \varepsilon\mu \boldsymbol{E}_0 = 0 \tag{2-63}$$

为了进一步简化麦克斯韦方程组的求解过程，引入标量位 ϕ 和矢量位 $\boldsymbol{A}$ 。在时谐电磁场中，电场和磁场可以通过位函数来表示。引入位函数的好处在于可以将复杂的矢量场问题转化为标量场问题，从而简化求解过程。为了确保解的唯一性，需要选择适当的规范条件，常见的规范条件如下。

库仑规范：

$$\nabla \cdot \boldsymbol{A} = 0 \tag{2-64}$$

洛伦兹规范：

$$\nabla \cdot \boldsymbol{A} + \mathrm{j}\omega\mu\varepsilon\phi = 0 \tag{2-65}$$

坡印亭矢量描述了电磁场中能量流的密度。在时谐电磁场中，坡印亭矢量的时间平均值具有重要意义，因为它表示电磁波能量的净传输方向和大小。当使用复数表示法时，瞬时电场和磁场分别为

$$E(t) = \Re\left\{E\mathrm{e}^{\mathrm{j}\omega t}\right\} \tag{2-66}$$

$$H(t) = \Re\left\{H\mathrm{e}^{\mathrm{j}\omega t}\right\} \tag{2-67}$$

将它们代入坡印亭矢量公式，并对一个周期进行时间平均，可以得到坡印亭矢量：

$$\langle \boldsymbol{S} \rangle = \frac{1}{T}\int_0^T \boldsymbol{S}(t)\mathrm{d}t \tag{2-68}$$

同时考虑到复数形式的场量，平均坡印亭矢量的复数形式为

$$\langle \boldsymbol{S} \rangle = \frac{1}{2}\Re\left\{\boldsymbol{E} \times \boldsymbol{H}^*\right\} \tag{2-69}$$

式中，$\boldsymbol{H}^*$ 是 $\boldsymbol{H}$ 的复共轭。这个公式表明，平均坡印亭矢量不仅依赖于电场和磁场的振幅，还与它们之间的相位关系有关。

2.2 电磁波的产生与传播

2.2.1 电磁波的产生

1. 电磁波的定义及应用

电磁波是由电场和磁场相互垂直且同时垂直于传播方向的周期性变化所组成的波动。这种波动不需要媒介就能在真空中传播，是一种横波。麦克斯韦在 19 世纪通过理论计算预测了电磁波的存在，并提出了著名的麦克斯韦方程组来描述电磁波的传播行为。电磁波的波长

和频率决定了其性质和应用范围,从低频到高频,涵盖了无线电波、微波、红外线、可见光、紫外线、X 射线和 γ 射线。

电磁波具有一些独特且极为重要的特质。第一,它不需要传播介质,具备在真空中传播的能力,这一特性使其能够跨越宇宙中的广袤空间,为人类探索宇宙深处提供了可能。第二,其传播速度等于光速,这一高速特性在众多科学研究以及现代通信技术等领域都有着根本性的意义,例如,在远距离通信中能够实现信息的快速传输。第三,光是一种电磁波,涵盖了从可见光到不可见光的多种频段,不同频段的电磁波有着各自不同的特性与用途。

在现代社会中,电磁波有着极为广泛的应用。在无线通信领域,无线电波和微波发挥着关键作用,它们被大量应用于广播、电视节目的传输,让信息能够广泛地传播给大众,在移动通信和无线网络领域更是让人们随时随地保持联系、获取信息成为现实。红外技术利用红外线实现了遥控器对设备的便捷操控,热成像技术能够让人们在黑暗或者特殊环境中观察到物体的温度分布情况,并且在光纤通信中也有着应用。可见光则是人们日常生活中最为熟悉的,用于照明、在显示器上呈现出丰富多彩的图像与信息,在光通信领域,可见光也有着巨大的潜力。紫外线可用于消毒杀菌,在保障卫生安全方面有着重要意义,荧光灯利用紫外线激发荧光物质发光,同时在检测物质方面也有着独特的作用。医学成像领域中,X 射线和 γ 射线是重要的工具,通过它们能够进行 X 射线检查,清晰地看到人体内部结构,它们在放射治疗中也有着不可或缺的地位,能够帮助人们对抗疾病。在天文学领域,各种电磁波段都被充分利用,科学家们借助不同频段的电磁波进行天文观测,从射电波段到 X 射线波段等,帮助人类不断深入地了解宇宙的奥秘、结构以及演化历程。

2. 电磁波的产生原理

电路中电荷和电流的周期性变化称为电磁振荡。产生电磁振荡的电路称为振荡电路。任何电荷或电流的振荡都可以向其周围发射电磁波,并且振荡中的谐振现象可以用于接收电磁波。因此,了解电磁振荡对于研究电磁波的产生是必要的。

电磁波的产生始于振荡电荷。当电荷在空间中加速运动时,它们会产生相互交替的电场和磁场,形成电磁波。简单地说,振荡电荷的加速运动是电磁波的来源。接下来,可以从一个简单的振荡电路中了解电磁波的产生过程。

振荡电路是一种由电感和电容元件组成的电路,可以保持电流和电压的周期性变化。振荡电路的频率决定了所产生的电磁波的频率。LC 振荡器是最常见的振荡电路类型,广泛用于无线电发射机和接收机。一种简单的无阻尼自由振荡如图 2-2 所示。

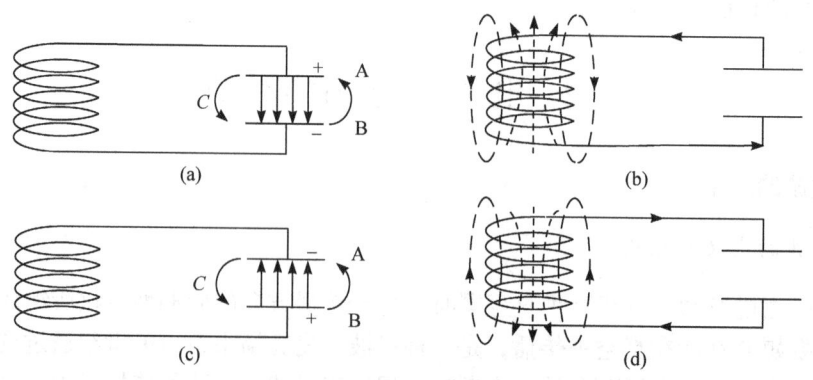

图 2-2 无阻尼自由振荡

在包含电容器 C 和自感线圈 L 的电路中，用电源对电容器充电，移除电源，然后将电容器连接到自感线圈。图 2-2(a)显示了充电的电容器刚刚连接到自感线圈时的情况。电容器的两块极板具有相等数量的不同电荷，在电容器开始放电之前，电路中没有电流。电路中的能量是集中在电容器的两块极板之间的电场能量。由于极板 A 的电位高于极板 B 的电位，电路处于不平衡状态。电容器向自感线圈放电，电流刺激自感线圈内部的磁场。根据法拉第电磁感应定律，自感线圈内部磁通量的变化会立即触发线圈电路中的感应电动势，以抵抗电流的增加。因此，电路中的电流不会立即达到其最大值，而是逐渐增加。在放电过程中，电容器的两块极板上的电荷逐渐减少，电流逐渐增加，直到两块极板上的所有电荷消失；此时，电路中的电流达到其最大值，电容器两块极板之间的电场能量转换为线圈内部的磁场能量，如图 2-2(b)所示。

当电流达到最大值并且电容器的两块极板上没有电荷时，电流并没有立即停止，而是逐渐减少并继续沿原来的方向流动，这导致电容器沿相反的方向充电（使极板 B 带正电，极板 A 带负电）。这是因为在电流减少过程中，线圈内部的磁场会减弱。根据法拉第电磁感应定律，线圈电路中会立即触发感应电动势，以抵抗电流的减少，从而保持电流的持续流动。

随着电容器两块极板上的电荷增加，电流逐渐减弱，这一过程一直持续到电路中的电流变为零。此时，两块极板上的电荷达到最大值，磁场能量又全部转换为电场能量，如图 2-2(c)所示。

然后，电容器放电到线圈中，导致电容器两块极板上的电荷减少，电路中的电流增加。这个过程与第一阶段完全相反。直到两块极板上的电荷达到最大值，电路中的电流达到最大值，所有的电场能量都转化为磁场能量，如图 2-2(d)所示。

随后，电容器又充电。当电路中的电流降至零时，电容器两块板上的电荷累积到其最大值并恢复到其原始状态，如图 2-2(a)所示。这完成了一个完整的振荡过程。

可以看出，在含有电容和自感的电路中，电荷和电流都会随着时间的推移而发生周期性变化；电场能量和磁场能量也会随着时间的推移而发生周期性变化，并不断地被转换——电能被转换为磁能，磁能随后又被转换为电能。

如果在振荡过程中没有能量耗散，电荷和电流的周期性变化将无限期地持续，这种振荡称为无阻尼自由振荡。当然，事实上，任何电路都有电阻，电路中的电磁能不可避免地会转化为焦耳热。这种振荡迅速衰减，称为阻尼振荡。

总之，电磁振荡的本质是带电系统的电荷和电流随时间不断变化，因此系统产生的电场和磁场也随时间变化。当不断变化的电场激发其周围的磁场时，不断变化的磁场也激发了其周围的电场，并且这种不断变化的电磁场传播到系统的周围区域。这种运动的电磁场称为电磁波。因此，任何电磁振荡系统都是辐射电磁波的来源。

一个完整的振荡系统包括振荡源（如振荡电路）、传输介质（如天线）和控制电路（如调制器）。这些系统被设计用于产生、调制和发射电磁波，用于各种应用，如无线通信和雷达。如图 2-3 所示，是一个简单的通过振荡产生电磁波的发射系统。

"赫兹实验"是人类历史上第一个发射和接收电磁波的实验，通过多次实验证明，电磁波和光波一样，可以经历反射、折射、干涉、衍射和偏振，验证了麦克斯韦的预言，揭示了光的电磁性质，从而统一了光学和电磁学。

电磁波作为一种极为重要的能量形式，依据其波长或频率的不同展现出丰富多样的特性，并被精准地划分为多个类别，每一个类别的电磁波都具备独一无二的物理性质，这些性

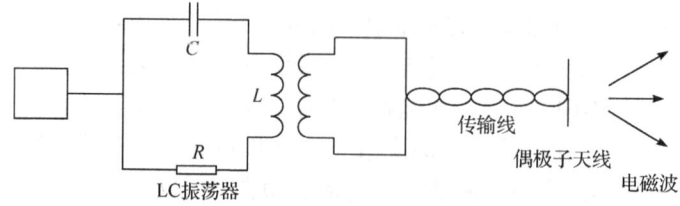

图 2-3　发射电磁波的简单振荡系统

质使其在众多不同的领域中均拥有广泛且不可或缺的应用,从日常生活中的通信、照明,到高端前沿的医学成像、高能物理研究以及航空航天等领域,电磁波都在默默地发挥着关键作用,深刻地影响着人类社会的发展进程以及对宇宙万物的认知探索。

无线电波包含了丰富的频段,其中短波的频率范围通常为 3～30MHz。短波具有传播距离较远的特性,它能够借助电离层的反射实现远距离通信,在早期的国际广播以及一些偏远地区或海上通信等领域发挥着极为重要的作用。超短波的频率范围一般是 30～300MHz,其波长短、频率高,这使得它具有较强的直线传播特性,在电视广播、移动通信等领域应用广泛,例如,一些城市中的本地电视信号传输以及对讲机通信等常采用超短波频段。

微波的频率范围为 300MHz～300GHz,通常用于无线通信、雷达、卫星通信和微波炉。在无线通信中,微波可承载大量信息进行高速传输;雷达利用微波的反射特性探测目标的位置、速度等信息;卫星通信依靠微波在卫星与地面站之间传递信号;微波炉则是利用微波的热效应来加热食物。

红外线的波长范围为 700nm～1mm。它们主要用于热成像、红外遥控和光纤通信。热成像技术借助红外线对物体温度的敏感特性,可在安防监控、电力巡检等领域发现异常发热点;红外遥控通过红外线的信号传输,能轻松操控各类电器设备;在光纤通信中,红外线作为光信号的载体,保障了信息的高速、稳定传输。

可见光的波长范围为 400～700nm,这是人眼可以感知的电磁波。该波段用于照明、显示技术和光学仪器。照明领域如各类灯具为人们提供适宜的光线环境;显示技术包括计算机显示屏、手机屏幕等,利用可见光呈现丰富多彩的图像与文字;光学仪器如显微镜、望远镜则借助可见光帮助人们观察微观与宏观世界。

紫外线辐射的波长范围为 10～400nm。其常用于紫外线灯和荧光材料的消毒、激发。紫外线灯消毒在医疗卫生、食品加工等行业是一种常见的消毒手段;荧光材料在紫外线的激发下能够发出可见光,可用于荧光标记、防伪等应用场景。

X 射线的波长范围为 0.01～10nm。它们广泛用于医学成像和工业无损检测。在医学成像中,X 射线能穿透人体组织,形成骨骼与软组织的影像对比,辅助医生诊断疾病;在工业无损检测里,可用于检测金属材料内部的缺陷,确保产品质量与安全。

γ 射线的波长小于 0.01nm,具有极高的能量和穿透力,主要用于医疗和高能物理研究。在医疗方面,γ 射线可用于肿瘤的放射治疗,精准破坏肿瘤细胞;高能物理研究中,γ 射线是探索微观粒子世界和宇宙射线奥秘的重要工具,帮助科学家深入了解物质的结构与宇宙的起源。

2.2.2　电磁波的波动方程及其解

从 2.2.1 节对电磁振荡的研究中可以看出,电磁波传播的固有因素是交变电场和磁场的相互支持和转换,从而导致它们的运动。因此,不可避免地需要研究它们的波动特性。如何研究电磁波的波形？这需要使用波动方程。在电路问题中，电流和电压的建立要经过一个称为"过渡过程"的过程。在这个转变过程之后，电流和电压达到稳定状态。同样，电磁场的问题也需要一个过渡过程来达到场的稳定状态。现在需要研究的交变电磁场是指已经达到稳定状态的场。给定波动方程的解也是稳态解。例如，电磁场对时间 t 的依赖性可以表示为 $\sin\omega t$ 或 $\cos\omega t$，并以复数形式写成 $e^{j\omega t}$。它们表示电磁场随时间的简谐变化。在本书中讨论电磁场时，使用了 E 和 H 来代替基本物理量 E 和 B，这是因为 $E \times H$ 是能流密度，E/H 具有阻抗维度(波阻抗)，两者都具有重要意义。

只要把描述交变电磁场规律的麦克斯韦方程组结合起来，就可以得到只包含电场或磁场的二阶微分方程，即波动方程。

首先，研究最简单和最常见的情况，即均匀、线性和各向同性介质中的被动(区域)波动方程。

均匀介质指的是密度相同的介质，电磁波在其中传播时不会发生折射，相比之下，不均匀介质会导致电磁波发生折射或散射。线性介质是指在一定范围内，其物理性质(如折射率、介电常数等)与外加电磁场强度成正比关系的介质。最常见的线性介质包括空气、真空和各种线性晶体。非线性介质在强电磁场下会表现出与线性介质不同的性质，如折射率随光强变化等。各向同性介质是指在不同的方向上物质性能(物理、化学等性能)相同的介质。在各向同性介质中，光的传播速度与光的偏振方向无关，即对光只具有一种折射率。空气、水、光学玻璃、普通玻璃等是各向同性介质。各向异性介质则相反。波动方程条件是

$$\begin{cases} \mu = \text{const} \\ \varepsilon = \text{const} \\ \sigma = 0, \quad J = 0, \quad \rho = 0 \end{cases} \quad (2\text{-}70)$$

所以麦克斯韦方程组可以表示为

$$\begin{cases} \nabla \times \boldsymbol{H} = \dfrac{\partial \boldsymbol{D}}{\partial t} = \varepsilon \dfrac{\partial \boldsymbol{E}}{\partial t} \\ \nabla \times \boldsymbol{E} = -\dfrac{\partial \boldsymbol{B}}{\partial t} = -\mu \dfrac{\partial \boldsymbol{H}}{\partial t} \\ \nabla \cdot \boldsymbol{E} = 0 \\ \nabla \cdot \boldsymbol{H} = 0 \end{cases} \quad (2\text{-}71)$$

应用以上麦克斯韦方程组和矢量恒等式

$$\nabla \times \nabla \times \boldsymbol{E} = \nabla \nabla \cdot \boldsymbol{E} - \nabla^2 \boldsymbol{E} \quad (2\text{-}72)$$

得到电场的无源波动方程：

$$\nabla^2 \boldsymbol{E} - \mu\varepsilon \frac{\partial^2 \boldsymbol{E}}{\partial t^2} = 0 \quad (2\text{-}73)$$

磁场的无源波动方程：

$$\nabla^2 \boldsymbol{H} - \mu\varepsilon \frac{\partial^2 \boldsymbol{H}}{\partial t^2} = 0 \quad (2\text{-}74)$$

从概念上讲，波动方程包括电场和磁场的旋度和发散特性，充分反映了交变电磁场之间的相互关系以及场与源之间的关系。

有了波动方程，需要研究波动方程的解。以电场的无源波动方程为例，一般来说，电场强度 $\boldsymbol{E}$ 是三维空间和时间的函数。因此，它的波动方程是一个二阶偏微分方程，它是一个矢量偏微分方程。要求解波动方程，第一步是将矢量转换为标量。在笛卡儿坐标系中，空间电场强度 $\boldsymbol{E}$ 为

$$\boldsymbol{E} = \boldsymbol{e}_x E_x + \boldsymbol{e}_y E_y + \boldsymbol{e}_z E_z \tag{2-75}$$

于是式(2-75)可改写为

$$\nabla^2 \boldsymbol{E} - \mu\varepsilon \frac{\partial^2 \boldsymbol{E}}{\partial t^2} = \boldsymbol{e}_x \left(\nabla^2 E_x - \mu\varepsilon \frac{\partial^2 E_x}{\partial t^2} \right) + \boldsymbol{e}_y \left(\nabla^2 E_y - \mu\varepsilon \frac{\partial^2 E_y}{\partial t^2} \right) + \boldsymbol{e}_z \left(\nabla^2 E_z - \mu\varepsilon \frac{\partial^2 E_z}{\partial t^2} \right) = 0$$

$$\tag{2-76}$$

只有 x、y、z 三个方向上矢量均为 0 时，才能保证合成总矢量为 0，于是得到

$$\nabla^2 E_x - \mu\varepsilon \frac{\partial^2 E_x}{\partial t^2} = 0 \tag{2-77}$$

又可改写为

$$\frac{\partial^2 E_x}{\partial x^2} + \frac{\partial^2 E_y}{\partial y^2} + \frac{\partial^2 E_z}{\partial z^2} - \mu\varepsilon \frac{\partial^2 E_x}{\partial t^2} = 0 \tag{2-78}$$

这是二阶的偏微分方程，可以用分离变量的方法求解。如前所述，这里要研究的是最基本的电磁波，即电场 $\boldsymbol{E}$ 仅随一维空间变化（如 z 方向），于是式(2-78)简化为

$$\frac{\partial^2 E_z}{\partial z^2} - \mu\varepsilon \frac{\partial^2 E_x}{\partial t^2} = 0 \tag{2-79}$$

这就是学者们所熟知的仅随一维空间变化的波动方程，其通解可以表示为

$$E_x = f\left(t - \frac{z}{v}\right) + f\left(t + \frac{z}{v}\right) \tag{2-80}$$

式中，v 是常数，在后续的讨论中可知是电磁波的传播速度，为

$$v = \frac{1}{\sqrt{\mu\varepsilon}} \tag{2-81}$$

如何理解波动方程的解呢？对于 E_x 的两个解，$f\left(t - \frac{z}{v}\right)$ 表示 E_x 以速度 v 沿 $+z$ 方向传播，同理另一个解表示 E_x 以速度 v 沿 $-z$ 方向传播。

2.2.3 自由空间中的均匀平面波

平面波是最简单、最基本的电磁波波形，那么如何定义平面波呢？如果相互垂直的电场和磁场形成一个垂直于传播方向的平面，并且是等相位平面，则这种类型的电磁波称为平面波。均匀平面波是指在等相位平面上振幅处处相等的电场或磁场。

平面波的参数主要包括传播速度、传播常数、波阻抗等。

1) 传播速度

当 $\Delta t \to 0$ 时，电磁波的传播速度 v 可以表示为 $v = \frac{\mathrm{d}z}{\mathrm{d}t} = \frac{\omega}{k}$，又 $k = \omega\sqrt{\mu\varepsilon}$，得到传播速度

v。这里说的 v 也即平面波沿传播方向（z 方向）的传播速度。从公式可以看出，该速度仅与 $\mu\varepsilon$ 有关，与频率无关。μ 越大，传播速度越慢。

2）传播常数

将传播速度公式代入 $k^2 = \omega^2\mu\varepsilon$，可以得到

$$k = 2\pi / \lambda \tag{2-82}$$

λ 代表电磁波的波长，而一个周期相位会变化 2π，则公式代表了单位长度上的相位变化，因此波数 k 被称为相位常数。传播常数 γ 为一个复数，包含实部衰减常数（α）和虚部相位常数（β）两部分。在无损耗介质中（如真空），衰减常数 α 为 0，此时传播常数退化为纯虚数 $\gamma = \mathrm{j}\beta$。此时相位常数 $\beta = k$，但严格意义上，k 仍为波数而非传播常数本身。

3）波阻抗

由理想介质中均匀平面波场的表达式，E_x 和 H_y 的比值，得到

$$\frac{E_x}{H_y} = \sqrt{\frac{\mu}{\varepsilon}} = \eta \tag{2-83}$$

式中，η 是平面波的波阻抗，自由空间的波阻抗值 η_0 为 $120\pi\Omega$ 或 377Ω。

2.2.4 电磁波的极化

电磁波的极化是指电磁波的电场矢量在传播方向垂直平面内的振动特性。理解极化现象对于掌握电磁波的传播、反射和折射等性质具有重要意义。在这一节中，将详细讨论电磁波的极化，包括极化的类型、极化的数学描述、极化的变化和应用等。

电磁波在传播过程中，电场矢量（**E**）和磁场矢量（**H**）都在传播方向垂直的平面内振动。通常，关注的是电场矢量的振动方向，因为它更容易测量和分析。根据电场矢量的振动方式，电磁波的极化可分为三种基本类型：线极化、圆极化和椭圆极化。

1）线极化

线极化是指电场矢量始终沿着一个固定方向振动的电磁波形式。根据振动方向的不同，线极化可以进一步分为垂直极化和水平极化，如图 2-4 所示。

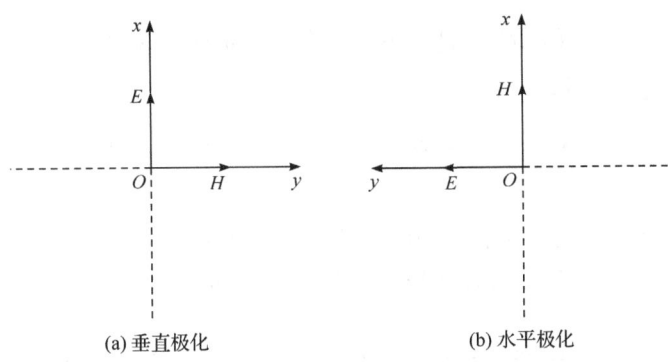

图 2-4 两类线极化

假设电磁波沿着 z 轴传播，电场矢量可以表示为

$$\boldsymbol{E}(z,t) = E_0 \cos(\omega t - kz) \tag{2-84}$$

式中，E_0 是电场矢量的振幅；ω 是角频率；k 是波数；z 是传播方向的空间坐标；t 是时间。

垂直极化的电场矢量表示为

$$\boldsymbol{E}_x(z,t) = E_{0x}\cos(\omega t - kz)\boldsymbol{x} \tag{2-85}$$

水平极化的电场矢量表示为

$$\boldsymbol{E}_y(z,t) = E_{0y}\cos(\omega t - kz)\boldsymbol{y} \tag{2-86}$$

水平极化的特点是电场矢量在传播方向的垂直平面内沿固定方向振动。波的极化方向由电场矢量的振动方向决定。

在实际应用中，天线的设计通常基于线极化，如电视广播和无线电通信。在无线电通信系统中，发射和接收天线的极化方向一致可以最大化信号的接收强度。例如，垂直极化的天线可以减少与地面的多径干扰。而线极化雷达可以用来测量目标物体的极化特性，从而获取物体的形状和材质信息。

2) 圆极化

圆极化波是由两个线极化波合成而来，这两个线极化波的电场或磁场的空间互相垂直，幅度相等，时间相位差 90°。圆极化分为右旋圆极化（right circular polarization，RCP）和左旋圆极化（left circular polarization，LCP），如图 2-5 所示。

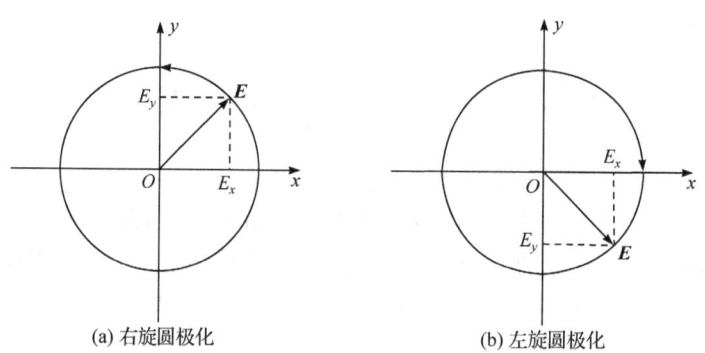

(a) 右旋圆极化　　　　(b) 左旋圆极化

图 2-5　圆极化

右旋圆极化的电场矢量表示为

$$\boldsymbol{E}(z,t) = E_0[\boldsymbol{x}\cos(\omega t - kz) + \boldsymbol{y}\sin(\omega t - kz)] \tag{2-87}$$

左旋圆极化的电场矢量表示为

$$\boldsymbol{E}(z,t) = E_0[\boldsymbol{x}\cos(\omega t - kz) - \boldsymbol{y}\sin(\omega t - kz)] \tag{2-88}$$

圆极化的特点是：

(1) 电场矢量在传播方向的垂直平面内沿圆形轨迹旋转。

(2) 圆极化波在任何方向的投影都是相同的，这使其在传输过程中不易受到极化方向变化的影响。

(3) 圆极化天线通常用于卫星通信，以避免由天线旋转或位置变化带来的信号损失。

由于卫星和地面站之间的相对位置不断变化，使用圆极化天线可以确保在不同角度和位置都能良好地接收信号。而圆极化雷达可以更有效地检测目标物体的形状和运动方向，减少背景杂波的干扰。

3) 椭圆极化

椭圆极化是指电场矢量的端点在传播方向垂直平面内描述一个椭圆轨迹电磁波形式。椭圆极化是线极化和圆极化的普遍形式,如图 2-6 所示。

椭圆极化的电场矢量可以表示为

$$\boldsymbol{E}(z,t) = E_{0x}\boldsymbol{x}\cos(\omega t - kz + \delta_x) + E_{0y}\boldsymbol{y}\cos(\omega t - kz + \delta_y) \tag{2-89}$$

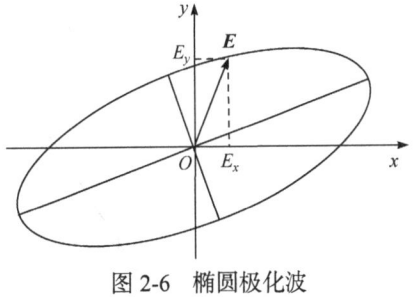

图 2-6 椭圆极化波

式中,E_{0x} 和 E_{0y} 是沿 $\boldsymbol{x}$ 和 $\boldsymbol{y}$ 方向的振幅;δ_x 和 δ_y 是相位差。

椭圆极化的特点是:

(1) 电场矢量在传播方向的垂直平面内沿椭圆轨迹旋转。

(2) 椭圆极化的极化状态可以通过调整振幅和相位差来改变,提供了更多的灵活性。

椭圆极化可以视为线极化和圆极化的特殊情况,当两者的振幅相等且相位差为 $\pm\pi/2$ 时,椭圆极化变为圆极化。

(3) 在应用上,在光纤通信系统中,椭圆极化光可以用来减少由双折射引起的信号失真。而在天文学领域,椭圆极化观测可以提供天体磁场的信息,帮助天文学家了解星际介质的性质。

电磁波在传播过程中,其极化状态可能会发生变化,如通过反射、折射和散射。根据菲涅耳(Fresnel)公式,当电磁波在介质界面发生反射和折射时,极化状态会发生变化。平行和垂直极化分量的反射系数可以通过菲涅耳公式计算。

$$\begin{aligned} r_{//} &= \frac{n_2\cos\theta_i - n_1\cos\theta_t}{n_2\cos\theta_i + n_1\cos\theta_t} \\ r_{\perp} &= \frac{n_1\cos\theta_i - n_2\cos\theta_t}{n_1\cos\theta_i + n_2\cos\theta_t} \end{aligned} \tag{2-90}$$

式中,$r_{//}$ 和 $r_{\perp}$ 分别是平行和垂直极化分量的反射系数;n_1 和 n_2 是两种介质的折射率;θ_i 是入射角;θ_t 是折射角。

波片以及偏振片是常用的极化控制器件。波片通过改变电场矢量的相位差来调整光的极化状态,而偏振片则通过选择性地允许特定极化方向的光波通过来实现极化控制。

极化现象在科学研究和工程技术中有着广泛的应用。例如,在雷达和无线通信中,利用极化特性可以提高信号的抗干扰能力;在光学测量中,极化技术被用于分析材料的应力和双折射性质;在天文学中,通过观测天体辐射的极化状态,可以获取关于天体磁场的信息。

2.3 电磁波与物质的相互作用

电磁波与物质的相互作用是电磁波传播过程中重要的物理现象。这种相互作用包括物质对电磁波的吸收、电磁波在物质中的传播以及电磁波的散射和衍射。理解这些相互作用对于掌握电磁波的传播规律及其在实际应用中的行为具有重要意义。

2.3.1 物质对电磁波的吸收

当电磁波入射到物质上时,物质中的原子和分子会吸收一部分电磁波的能量转化为其他形式的能量。这种能量的吸收可以导致物质内部的电子跃迁、分子振动和旋转等现象,如图 2-7 所示。

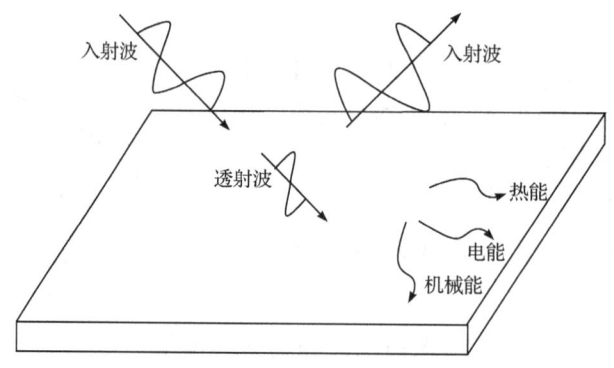

图 2-7 物质对电磁波的吸收

吸收过程可以通过式(2-91)表示：

$$A = A_0 e^{-ax} \tag{2-91}$$

式中，A 是穿透后的电磁波强度；A_0 是入射电磁波强度；a 是吸收系数；x 是物质的厚度。吸收系数是物质吸收电磁波能力的度量。它取决于电磁波的频率和物质的性质。而物质的性质又从多个方面影响着吸收系数。

1) 电导率 (σ)

导电性强的材料对电磁波有较高的吸收系数，因为电磁波能量会引起材料内部自由电子的振荡并被迅速耗散。

2) 介电常数 (ε)

介电常数决定了材料在电场中的极化能力。高介电常数材料在电磁波作用下容易极化，从而吸收更多能量。

3) 磁导率 (μ)

磁性材料的磁导率对吸收系数有显著影响。高磁导率材料能更有效地吸收电磁波的磁场成分。

4) 材料结构与成分

不同材料的分子结构和化学成分影响吸收系数。例如，含有特定分子键的材料对特定频率的电磁波有特征性吸收。

除了物质性质外，吸收系数与频率的关系也不可以忽略。

吸收系数通常随频率变化，可以通过吸收光谱图表示。不同材料在不同频率下的吸收系数差异很大。例如，水在微波和红外区具有高吸收系数，而在可见光区的吸收系数相对较低。

$$a(\omega) = \frac{4\pi k(\omega)}{\lambda} \tag{2-92}$$

式中，ω 是角频率；$k(\omega)$ 是介质的消光系数；λ 是波长。

不同的物质由于其自身的物理结构和化学组成不同，对不同频段的电磁波呈现出各异的吸收特性，进而在众多领域有着特定的应用。

金属材料，以铜和铝为例，它们在射频和微波区域展现出高吸收系数。这一特性使得它们能够有效地吸收电磁波的能量，从而在实际应用中被广泛地用于屏蔽电磁干扰。在电子设备的生产制造过程中，为了防止外界电磁波对内部电路的干扰，以及避免设备自身产生的电磁波对外界造成不良影响，常常会使用铜或铝制成的屏蔽罩或屏蔽层。例如，在计算机主机箱内部，就会有金属屏蔽层来保障各个硬件组件稳定运行，避免相互之间的电磁干扰导致系统故障或性能下降；在一些精密仪器的实验室中，铜或铝制成的屏蔽室可以为实验营造一个电磁"纯净"的空间，确保实验数据的准确性和可靠性。

水在微波区域具有显著的吸收特性。微波炉正是巧妙地利用了这一原理来实现对食物的加热。微波炉发射出的微波能够被食物中的水分子强烈吸收，水分子在吸收微波能量后开始剧烈振动，这种振动产生的摩擦热进而使食物的温度升高，从而达到加热食物的目的。无论是加热一杯牛奶、一份快餐，还是解冻一块冷冻肉，微波炉都凭借水对微波的吸收特性为人们提供了便捷、快速的加热方式，极大地改变了人们的烹饪习惯和生活方式。

玻璃则呈现出独特的电磁波吸收特性。在紫外和红外区域，玻璃有着较高的吸收系数，而在可见光区域却表现出透明的特性。这种特性使其在光学领域有着极为重要的应用。在光学透镜方面，玻璃可以精确地折射可见光，从而矫正人眼的视力缺陷或用于各种光学仪器，如显微镜、望远镜等，帮助人们更清晰地观察微观世界和遥远的天体。在建筑领域，玻璃被广泛用于窗户的制作，它不仅能够允许可见光进入室内，为室内提供充足的自然采光，营造明亮舒适的环境，又能在一定程度上阻挡紫外线和红外线，减少紫外线对室内物品的老化和褪色影响，以及红外线带来的热量传递，起到隔热保温的作用，提升建筑物的节能效果和居住舒适度。

2.3.2 均匀平面波在典型媒质中的传播

在 2.2 节中讨论了自由空间中的均匀平面波，并且介绍了其传播特点及各项参数的物理意义，接下来介绍均匀平面波在理想介质中的传播。

假设所讨论的区域为无源区，即 $\rho=0$、$\boldsymbol{J}=0$，且充满线性、各向同性的均匀理想介质，现在讨论均匀平面波在这种理想介质中的传播特点。首先考虑一种简单的情况，假设选用的直角坐标系中均匀平面波沿 z 方向传播，则电场强度 $\boldsymbol{E}$ 和磁场强度 $\boldsymbol{H}$ 都不是 x 和 y 的函数，即

$$\begin{cases} \dfrac{\partial \boldsymbol{E}}{\partial x} = \dfrac{\partial \boldsymbol{E}}{\partial y} = 0 \\ \dfrac{\partial \boldsymbol{H}}{\partial x} = \dfrac{\partial \boldsymbol{H}}{\partial y} = 0 \end{cases} \tag{2-93}$$

同时，结合 $\nabla \cdot \boldsymbol{E} = 0$ 和 $\nabla \cdot \boldsymbol{H} = 0$ 可以得到 $E_z = 0$，$H_z = 0$。

这表明沿 z 方向传播的均匀平面波的电场强度 $\boldsymbol{E}$ 和磁场强度 $\boldsymbol{H}$ 都没有沿传播方向的分量，即电场强度 $\boldsymbol{E}$ 和磁场强度 $\boldsymbol{H}$ 都与波的传播方向垂直，这种波称为横电磁波(transverse electromagnetic wave，TEM)。

对于沿 z 方向传播的均匀平面波，电场强度 $\boldsymbol{E}$ 和磁场强度 $\boldsymbol{H}$ 的分量 E_x、E_y 和 H_x、H_y 满足标量亥姆霍兹方程：

$$\begin{cases} \dfrac{\mathrm{d}^2 E_x}{\mathrm{d} z^2} + k^2 E_x = 0 \\ \dfrac{\mathrm{d}^2 E_y}{\mathrm{d} z^2} + k^2 E_y = 0 \\ \dfrac{\mathrm{d}^2 H_x}{\mathrm{d} z^2} + k^2 H_x = 0 \\ \dfrac{\mathrm{d}^2 H_y}{\mathrm{d} z^2} + k^2 H_y = 0 \end{cases} \tag{2-94}$$

方程的通解为

$$E_x(z) = A_1 e^{-jkz} + A_2 e^{jkz} \tag{2-95}$$

式中，$A_1 = E_{1m} e^{j\phi_1}$，$A_2 = E_{2m} e^{j\phi_2}$，ϕ_1、ϕ_2 分别为 A_1、A_2 的幅角。

式(2-95)的第一项代表沿+z方向传播的均匀平面波，第二项代表沿-z方向传播的均匀平面波。对于无界的均匀媒质中只存在沿一个方向传播的波，这里讨论沿+z方向传播的均匀平面波，即

$$E_x(z) = E_{xm} e^{-jkz} e^{j\phi_x} \tag{2-96}$$

瞬时表达式为

$$E_x(z,t) = E_{xm} \cos(\omega t - kz + \phi_x) \tag{2-97}$$

可见，电场分量 $E_x(z,t)$ 既是时间的周期函数，又是空间坐标的周期函数。

电磁波的波长为

$$\lambda = \frac{2\pi}{k} \tag{2-98}$$

式中，k 为相位常数，表示波传播单位距离的相位变化。

由于 $k = \omega\sqrt{\mu\varepsilon} = 2\pi f \sqrt{\mu\varepsilon}$，又可得到

$$\lambda = \frac{1}{f\sqrt{\mu\varepsilon}} \tag{2-99}$$

可见，电磁波的波长不仅与频率有关，还与媒质参数有关。

同理，传播速度 v 可通过 k 推得，且与频率无关，只与媒质参数有关。

$$v = \frac{1}{\sqrt{\mu\varepsilon}} \tag{2-100}$$

由 2.2.3 节给出的波阻抗公式可知，波阻抗是电场的振幅与磁场的振幅之比，由于其值与媒质的参数有关，因此又称为媒质的特征阻抗。

通过麦克斯韦方程组可以得到磁场与电场之间满足关系：

$$\boldsymbol{H} = \frac{1}{\eta} \boldsymbol{e}_z \times \boldsymbol{E} \tag{2-101}$$

在理想介质中，由于 $|\boldsymbol{H}| = \frac{1}{\eta}|\boldsymbol{E}|$，所以有

$$\frac{1}{2}\varepsilon|\boldsymbol{E}|^2 = \frac{1}{2}\mu|\boldsymbol{H}|^2 \tag{2-102}$$

这表明，在理想介质中，均匀平面波的电场能量密度等于磁场能量密度。因此，电磁能量密度可表示为

$$\omega = \omega_e + \omega_m = \frac{1}{2}\varepsilon|\boldsymbol{E}|^2 + \frac{1}{2}\mu|\boldsymbol{H}|^2 = \varepsilon|\boldsymbol{E}|^2 = \mu|\boldsymbol{H}|^2 \tag{2-103}$$

综合以上的讨论，可将理想介质中的均匀平面波的传播特点归纳如下：

(1) 电场 $\boldsymbol{E}$、磁场 $\boldsymbol{H}$ 与传播方向 $\boldsymbol{e}_z$ 相互垂直，是横电磁波(TEM 波)；

(2) 电场与磁场的振幅不变;
(3) 波阻抗为实数,与媒质参数有关;
(4) 电磁波的相速与频率无关;
(5) 电场能量密度等于磁场能量密度。

然而在导电介质中,电导率 $\sigma \neq 0$,当电磁波在导电介质中传播时,其中必然有传导电流 $\boldsymbol{J} = \sigma \boldsymbol{E}$,这将导致电磁能量损耗。因而,均匀平面波在导电介质中的传播特性与无损耗介质的情况不同。

在均匀导电介质中有

$$\nabla \cdot \boldsymbol{E} = \frac{1}{\mathrm{j}\omega\varepsilon_c}\nabla \cdot (\nabla \times \boldsymbol{H}) = 0 \tag{2-104}$$

其传导电流密度 $\boldsymbol{J} \neq 0$,但不存在自由电荷密度,即 $\rho = 0$。

导电介质中的波数为复数:

$$k_c = \omega\sqrt{\mu\varepsilon_c} \tag{2-105}$$

在讨论导电介质过程中,一般认为

$$\gamma = \mathrm{j}k_c = \mathrm{j}\omega\sqrt{\mu\varepsilon_c} \tag{2-106}$$

式中,γ 称为传播常数,为一复数。令 $\gamma = \alpha + \mathrm{j}\beta$,将其代入均匀导电介质中电磁波的亥姆霍兹方程的解,得到

$$\boldsymbol{E} = \boldsymbol{e}_x E_{xm} \mathrm{e}^{-\alpha z} \mathrm{e}^{-\mathrm{j}\beta z} \tag{2-107}$$

式中,$\mathrm{e}^{-\alpha z}$ 表示振幅随传播距离而衰减,因此 α 称为衰减常数,用它来表征单位距离振幅的衰减量,单位为 Np/m;第二个因子 $\mathrm{e}^{-\mathrm{j}\beta z}$ 表征了相位信息,β 被称为相位常数,单位为 rad/m。

由式(2-107)及麦克斯韦方程组可推得导电介质中的磁场强度:

$$\boldsymbol{H} = \boldsymbol{e}_y\sqrt{\frac{\varepsilon_c}{\mu}}E_{xm}\mathrm{e}^{-\gamma z} = \boldsymbol{e}_y\frac{1}{\eta_c}E_{xm}\mathrm{e}^{-\gamma z} \tag{2-108}$$

式中

$$\eta_c = \sqrt{\frac{\mu}{\varepsilon_c}} \tag{2-109}$$

为导电介质的本征阻抗。

由磁场强度公式可知,磁场强度复矢量和电场强度复矢量满足:

$$\boldsymbol{H} = \frac{1}{\eta_c}\boldsymbol{e}_z \times \boldsymbol{E} \tag{2-110}$$

这表明在导电介质中电场、磁场与传播方向依然保持相互垂直,如图 2-8 所示。

代入传播常数 γ 及公式 $\gamma = \mathrm{j}k_c = \mathrm{j}\omega\sqrt{\mu\varepsilon_c}$,可以得到 α、β 与媒质参数的关系:

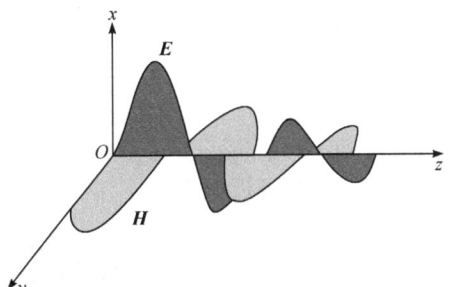

图 2-8 导电介质中的电场和磁场

$$\alpha = \omega\sqrt{\frac{\mu\varepsilon}{2}\left[\sqrt{1+\left(\frac{\sigma}{\omega\varepsilon}\right)^2}-1\right]} \tag{2-111}$$

$$\beta = \omega\sqrt{\frac{\mu\varepsilon}{2}\left[\sqrt{1+\left(\frac{\sigma}{\omega\varepsilon}\right)^2}+1\right]} \tag{2-112}$$

由于 β 与电磁波的频率不是线性关系，因此在导电介质中，电磁波的相速是频率的函数，即在同一种导电介质中，不同频率的电磁波的相速是不同的，这种现象称为色散，相应的媒质称为色散媒质，故导电介质是色散媒质。

由导电介质中的电场和磁场强度公式可以得到对应的平均电场能量密度和平均磁场能量密度：

$$\omega_{\text{eav}} = \frac{1}{4}\text{Re}\left(\varepsilon_c E \cdot E^*\right) = \frac{\varepsilon}{4}E_{xm}^2 \text{e}^{-2\alpha z} \tag{2-113}$$

$$\omega_{\text{mav}} = \frac{1}{4}\text{Re}\left(\mu H \cdot H^*\right) = \frac{\mu}{4}\frac{E_{xm}^2}{|\eta_c|^2}\text{e}^{-2\alpha z} = \frac{\varepsilon}{4}E_{xm}^2 \text{e}^{-2\alpha z}\left[1+\left(\frac{\sigma}{\omega\varepsilon}\right)^2\right]^{1/2} \tag{2-114}$$

因此，一般来说，在导电介质中，平均磁场能量密度大于平均电场能量密度。

综合以上的讨论，可将导电介质中的均匀平面波的传播特点归纳如下：

(1) 电场 E、磁场 H 与传播方向 e_z 相互垂直，仍然是横电磁波；
(2) 电场与磁场的振幅呈指数衰减；
(3) 波阻抗为复数，电场与磁场不同相位；
(4) 电磁波的相速与频率有关；
(5) 平均磁场能量密度大于平均电场能量密度。

弱导体媒质是指满足条件 $\frac{\sigma}{\omega\varepsilon} \ll 1$ 的导电介质。

在这种媒质中，传导电流几乎不起作用，主要看位移电流。因此，弱导体媒质是一种电导率不为零的非理想绝缘材料。

在 $\frac{\sigma}{\omega\varepsilon} \ll 1$ 的条件下，传播常数 γ 可近似为

$$\gamma = \text{j}\omega\sqrt{\mu\varepsilon\left(1-\text{j}\frac{\sigma}{\omega\varepsilon}\right)} \approx \text{j}\omega\sqrt{\mu\varepsilon}\left(1-\text{j}\frac{\sigma}{2\omega\varepsilon}\right) \tag{2-115}$$

衰减常数和相位常数近似为

$$\alpha \approx \frac{\sigma}{2}\sqrt{\frac{\mu}{\varepsilon}} \tag{2-116}$$

$$\beta \approx \omega\sqrt{\mu\varepsilon} \tag{2-117}$$

本征阻抗可近似为

$$\eta_c = \sqrt{\frac{\mu}{\varepsilon}}\left(1+\frac{\sigma}{\text{j}\omega\varepsilon}\right)^{-1/2} \approx \sqrt{\frac{\mu}{\varepsilon}}\left(1+\text{j}\frac{\sigma}{2\omega\varepsilon}\right) \tag{2-118}$$

由此可见，在弱导体媒质中，传播特性与理想介质中的平面波传播基本相同。

与弱导体媒质相反，良导体是指 $\frac{\sigma}{\omega\varepsilon} \gg 1$ 的媒质。在良导体中，起主要作用的是传导电流，而不是位移电流。当 $\frac{\sigma}{\omega\varepsilon} \gg 1$ 时，传播常数 γ 可近似为

$$\gamma = j\omega\sqrt{\mu\varepsilon\left(1-j\frac{\sigma}{\omega\varepsilon}\right)} \approx j\omega\sqrt{\frac{\mu\sigma}{j\omega}} = \frac{1+j}{\sqrt{2}}\sqrt{\omega\mu\sigma} \tag{2-119}$$

良导体的本征阻抗为

$$\eta_c = \sqrt{\frac{\mu}{\varepsilon_c}} \approx \sqrt{\frac{j\omega\mu}{\sigma}} = (1+j)\sqrt{\frac{\pi f\mu}{\sigma}} = \sqrt{\frac{2\pi f\mu}{\sigma}}e^{j\pi/4} \tag{2-120}$$

在良导体中，电磁波的相速为

$$v = \frac{\omega}{\beta} \approx \sqrt{\frac{2\omega}{\mu\sigma}} \tag{2-121}$$

由传播常数公式可知，在良导体中，电磁波的衰减常数随波的频率、媒质的磁导率和电导率的增加而增大。因此，高频电磁波在良导体中的衰减常数非常大。

由于电磁波在良导体中的衰减很快，故其在传播很短的一段距离后就几乎衰减完了。因此，良导体中的电磁波局限于导体表面附近的区域，这种现象称为趋肤效应。工程上常用趋肤深度 δ 来表征电磁波的趋肤程度，其定义为电磁波的幅值衰减为表面值的 $1/e$（或 0.368）时电磁波所传播的距离。按此定义，有

$$e^{-\alpha\delta} = \frac{1}{e} \tag{2-122}$$

因此

$$\delta = \frac{1}{\alpha} = \sqrt{\frac{2}{\omega\mu\sigma}} = \frac{1}{\sqrt{\pi f\mu\sigma}} \tag{2-123}$$

$$\delta = \frac{1}{\beta} = \frac{\lambda}{2\pi} \tag{2-124}$$

表 2-1 列出了一些金属材料的趋肤深度和表面电阻。

表 2-1 一些金属材料的趋肤深度和表面电阻

材料名称	电导率 $\sigma/(S/m)$	趋肤深度 δ/m	表面电阻 R_S/Ω
银	6.17×10^7	$0.064/\sqrt{f}$	$2.52\times10^{-7}\sqrt{f}$
紫铜	5.8×10^7	$0.066/\sqrt{f}$	$2.61\times10^{-7}\sqrt{f}$
铝	3.72×10^7	$0.083/\sqrt{f}$	$3.26\times10^{-7}\sqrt{f}$
钠	2.1×10^7	$0.11/\sqrt{f}$	
黄铜	1.6×10^7	$0.13/\sqrt{f}$	$5.01\times10^{-7}\sqrt{f}$
锡	0.87×10^7	$0.17/\sqrt{f}$	
石墨	0.01×10^7	$1.6/\sqrt{f}$	

2.3.3 平面波的反射与透射

1. 反射波和透射波

前面已经讨论了均匀平面波在不同媒质中的传播特性以及电磁波在物质中传播涉及的重要物理参数。在实际中，电磁波的传播往往会经过两种不同的媒质，在两种媒质的分界面处产生了反射波和透射波。

如图 2-9 所示，$z<0$ 的半空间充满参数为 ε_1、μ_1 和 σ_1 的导电介质 1，$z>0$ 的半空间充满参数为 ε_2、μ_2 和 σ_2 的导电介质 2，均匀平面波从导电介质 1 垂直入射到 $z=0$ 的分界平面上。

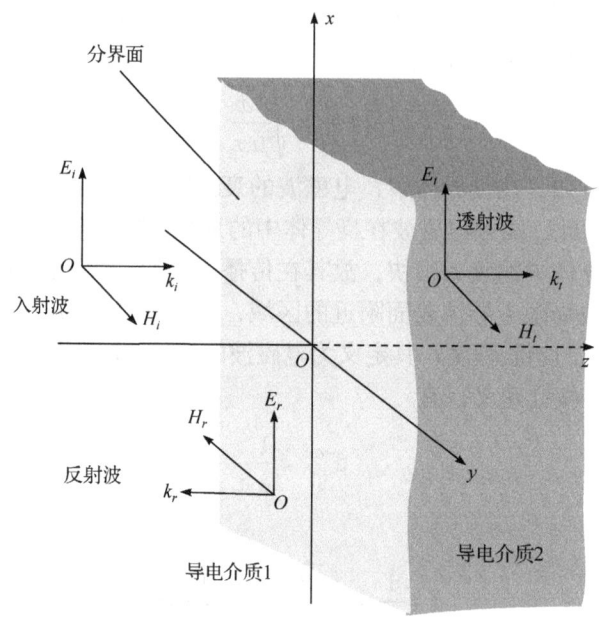

图 2-9 均匀平面波垂直入射到两种不同介质的分界平面

这时，导电介质 1 中的入射波电场和磁场分别为

$$\boldsymbol{E}_i(z) = \boldsymbol{e}_x E_{im} \mathrm{e}^{-\gamma_1 z} \tag{2-125}$$

$$\boldsymbol{H}_i(z) = \boldsymbol{e}_z \times \frac{1}{\eta_{1c}} \boldsymbol{E}_i(z) = \boldsymbol{e}_y \frac{1}{\eta_{1c}} E_{im} \mathrm{e}^{-\gamma_1 z} \tag{2-126}$$

式中，γ_1、η_{1c} 为 2.2.5 节中介绍过的传播常数和本征阻抗。

导电介质 1 中的反射波电场和磁场分别为

$$\boldsymbol{E}_r(z) = \boldsymbol{e}_x E_{rm} \mathrm{e}^{\gamma_1 z} \tag{2-127}$$

$$\boldsymbol{H}_r(z) = -\boldsymbol{e}_z \times \frac{1}{\eta_{1c}} \boldsymbol{E}_r(z) = -\boldsymbol{e}_y \frac{1}{\eta_{1c}} E_{rm} \mathrm{e}^{\gamma_1 z} \tag{2-128}$$

此时，入射波和反射波叠加成合成波：

$$\boldsymbol{E}_1(z) = \boldsymbol{E}_i(z) + \boldsymbol{E}_r(z) = \boldsymbol{e}_x \left(E_{im} \mathrm{e}^{-\gamma_1 z} + E_{rm} \mathrm{e}^{\gamma_1 z} \right) \tag{2-129}$$

$$\boldsymbol{H}_1(z) = \boldsymbol{H}_i(z) + \boldsymbol{H}_r(z) = \boldsymbol{e}_y \frac{1}{\eta_{1c}} \left(E_{im} \mathrm{e}^{-\gamma_1 z} - E_{rm} \mathrm{e}^{\gamma_1 z} \right) \tag{2-130}$$

导电介质 2 中只有透射波，其电场和磁场分别为

$$E_2(z) = E_t(z) = e_x E_{tm} e^{-\gamma_2 z} \tag{2-131}$$

$$H_2(z) = H_t(z) = e_z \times \frac{1}{\eta_{2c}} E_t(z) = e_y \frac{1}{\eta_{2c}} E_{tm} e^{-\gamma_2 z} \tag{2-132}$$

又由边界条件得到

$$E_{rm} = \frac{\eta_{2c} - \eta_{1c}}{\eta_{2c} + \eta_{1c}} E_{im} \tag{2-133}$$

$$E_{tm} = \frac{2\eta_{2c}}{\eta_{2c} + \eta_{1c}} E_{im} \tag{2-134}$$

定义反射波电场振幅 E_{rm} 与入射波电场振幅 E_{im} 的比值为分界面上的反射系数，并用 Γ 表示：

$$\Gamma = \frac{E_{rm}}{E_{im}} = \frac{\eta_{2c} - \eta_{1c}}{\eta_{2c} + \eta_{1c}} \tag{2-135}$$

定义透射波电场振幅 E_{tm} 与入射波电场振幅 E_{im} 的比值为分界面上的透射系数，并用 τ 表示：

$$\tau = \frac{E_{tm}}{E_{im}} = \frac{2\eta_{2c}}{\eta_{2c} + \eta_{1c}} \tag{2-136}$$

反射系数 Γ 和透射系数 τ 之间的关系为

$$1 + \Gamma = \tau \tag{2-137}$$

另一种情况是，当电磁波以任意角度入射到不同媒质的分界面上时，称为斜入射。在这种情况下，入射波、反射波和透射波的传播方向都不是垂直于分界面的。入射波的波矢量与分界面法线矢量构成的平面称为入射平面。

如果入射波的电场垂直于入射平面，则称为垂直极化波；如果入射波的电场平行于入射平面，则称为平行极化波。对于电场矢量与入射平面成任意角度的入射波，可以将其分解为垂直极化和平行极化的两个分量。

2. 反射定律和折射定律

设 $z<0$ 的半空间充满参数为 ε_1 和 μ_1 的理想媒质 1，$z>0$ 的半空间充满参数为 ε_2 和 μ_2 的理想媒质 2，均匀平面波从媒质 1 斜入射到分界平面，取入射平面为 xoz 平面。分别用 e_i、e_r 和 e_t 表示入射波、反射波和透射波的传播方向的单位矢量，则有

$$e_i = e_x \sin\theta_i + e_z \cos\theta_i \tag{2-138}$$

$$e_r = e_x \sin\theta_r - e_z \cos\theta_r \tag{2-139}$$

$$e_t = e_x \sin\theta_t + e_z \cos\theta_t \tag{2-140}$$

式中，θ_i 是入射波的波矢量与分界面法线间的夹角，称为入射角；θ_r 是反射波的波矢量与分界面法线间的夹角，称为反射角；θ_t 是透射波的波矢量与分界面法线间的夹角，称为透射角。

入射波的波矢量 $k_i = e_i k_1$，则入射波的电场和磁场分别为

$$E_i = E_{im} e^{-jk_1 e_i \cdot r} = E_{im} e^{-jk_1(x\sin\theta_i + z\cos\theta_i)} \tag{2-141}$$

$$\boldsymbol{H}_i = \frac{1}{\eta_1} \boldsymbol{e}_i \times E_{im} \mathrm{e}^{-\mathrm{j}k_1(x\sin\theta_i + z\cos\theta_i)} \tag{2-142}$$

反射波的波矢量 $\boldsymbol{k}_r = \boldsymbol{e}_r k_1$，则反射波的电场和磁场分别为

$$\boldsymbol{E}_r = E_{rm} \mathrm{e}^{-\mathrm{j}k_1 \boldsymbol{e}_r \cdot \boldsymbol{r}} = E_{rm} \mathrm{e}^{-\mathrm{j}k_1(x\sin\theta_r - z\cos\theta_r)} \tag{2-143}$$

$$\boldsymbol{H}_r = \frac{1}{\eta_1} \boldsymbol{e}_r \times E_{rm} \mathrm{e}^{-\mathrm{j}k_1(x\sin\theta_r - z\cos\theta_r)} \tag{2-144}$$

透射波的波矢量 $\boldsymbol{k}_t = \boldsymbol{e}_t k_2$，则透射波的电场和磁场分别为

$$\boldsymbol{E}_t = E_{tm} \mathrm{e}^{-\mathrm{j}k_2 \boldsymbol{e}_t \cdot \boldsymbol{r}} = E_{tm} \mathrm{e}^{-\mathrm{j}k_2(x\sin\theta_t + z\cos\theta_t)} \tag{2-145}$$

$$\boldsymbol{H}_t = \frac{1}{\eta_2} \boldsymbol{e}_t \times E_{tm} \mathrm{e}^{-\mathrm{j}k_2(x\sin\theta_t + z\cos\theta_t)} \tag{2-146}$$

根据边界条件，在 $z=0$ 的分界面上，由电场的切向分量连续性，得到

$$\boldsymbol{e}_z \times E_{im} \mathrm{e}^{-\mathrm{j}k_1 x\sin\theta_i} + \boldsymbol{e}_z \times E_{rm} \mathrm{e}^{-\mathrm{j}k_1 x\sin\theta_r} = \boldsymbol{e}_z \times E_{tm} \mathrm{e}^{-\mathrm{j}k_2 x\sin\theta_t} \tag{2-147}$$

此式对所有 z 都成立，则推导出分界面上的相位匹配情况：

$$k_1 \sin\theta_r = k_1 \sin\theta_i = k_2 \sin\theta_t \tag{2-148}$$

由 $k_1 \sin\theta_r = k_1 \sin\theta_i$ 可以得到

$$\theta_i = \theta_r \tag{2-149}$$

即反射角等于入射角，这就是电磁波的反射定律。

由 $k_1 \sin\theta_i = k_2 \sin\theta_t$ 可以得到

$$\frac{\sin\theta_t}{\sin\theta_i} = \frac{k_1}{k_2} = \frac{n_1}{n_2} \tag{2-150}$$

这就是电磁波的折射定律，称为斯涅尔定律。其中，

$$n_1 = \frac{c}{v_1} = c\sqrt{\mu_1 \varepsilon_1} = \frac{c}{\omega} k_1, \quad n_2 = \frac{c}{v_2} = c\sqrt{\mu_2 \varepsilon_2} = \frac{c}{\omega} k_2 \tag{2-151}$$

分别为媒质 1 和媒质 2 的折射率。

在斜入射的情况下，反射系数和透射系数与入射波的极化有关。下面分别就入射波为垂直极化波和平行极化波两种情况进行分析。

垂直极化波的电场只有 E_y 分量，磁场只有 H_x 分量和 H_z 分量。媒质 1 中任意一点的电场和磁场为

$$E_{1y} = E_{iy} + E_{ry} = E_{im}(\mathrm{e}^{-\mathrm{j}k_1 z\cos\theta_i} + \varGamma_\perp \mathrm{e}^{\mathrm{j}k_1 z\cos\theta_i})\mathrm{e}^{-\mathrm{j}k_1 x\sin\theta_i} \tag{2-152}$$

$$H_{1x} = H_{ix} + H_{rx} = \frac{E_{im}}{\eta_1}\cos\theta_i(-\mathrm{e}^{-\mathrm{j}k_1 z\cos\theta_i} + \varGamma_\perp \mathrm{e}^{\mathrm{j}k_1 z\cos\theta_i})\mathrm{e}^{-\mathrm{j}k_1 x\sin\theta_i} \tag{2-153}$$

$$H_{1z} = H_{iz} + H_{rz} = \frac{E_{im}}{\eta_1}\sin\theta_i(\mathrm{e}^{-\mathrm{j}k_1 z\cos\theta_i} + \varGamma_\perp \mathrm{e}^{\mathrm{j}k_1 z\cos\theta_i})\mathrm{e}^{-\mathrm{j}k_1 x\sin\theta_i} \tag{2-154}$$

式中，$\varGamma_\perp$ 是垂直极化波在分界面上的反射系数。

媒质 2 中任一点的电场和磁场分别为

$$E_{2y} = E_{ty} = \tau_\perp E_{im} e^{-jk_2 z\cos\theta_t} e^{-jk_2 x\sin\theta_t} \tag{2-155}$$

$$H_{2x} = H_{tx} = -\frac{\tau_\perp E_{im}}{\eta_2}\cos\theta_t e^{-jk_2 z\cos\theta_t} e^{-jk_2 x\sin\theta_t} \tag{2-156}$$

$$H_{2z} = H_{tz} = \frac{\tau_\perp E_{im}}{\eta_2} e^{-jk_2 z\cos\theta_t} e^{-jk_2 x\sin\theta_t}\sin\theta_t \tag{2-157}$$

式中，$\tau_\perp$是垂直极化波在分界面上的透射系数。

根据边界条件，在 $z = 0$ 的分界面上，电场的切向分量和磁场的切向分量连续，即 $E_{1y} = E_{2y}$ 和 $H_{1x} = H_{2x}$，并利用 $k_1\sin\theta_i = k_2\sin\theta_t$，可得到

$$1 + \Gamma_\perp = \tau_\perp \tag{2-158}$$

$$\frac{1}{\eta_1}(1 - \Gamma_\perp)\cos\theta_i = \frac{1}{\eta_2}\tau_\perp\cos\theta_t \tag{2-159}$$

解得

$$\Gamma_\perp = \frac{\eta_2\cos\theta_i - \eta_1\cos\theta_t}{\eta_2\cos\theta_i + \eta_1\cos\theta_t} \tag{2-160}$$

$$\tau_\perp = \frac{2\eta_2\cos\theta_i}{\eta_2\cos\theta_i + \eta_1\cos\theta_t} \tag{2-161}$$

式(2-160)和式(2-161)又称为垂直极化波的菲涅尔公式。

对于常见的非磁性媒质，$\mu_1 \approx \mu_2 \approx \mu_0$，有

$$\frac{\eta_1}{\eta_2} = \sqrt{\frac{\varepsilon_2}{\varepsilon_1}}, \quad \sin\theta_t = \sqrt{\frac{\varepsilon_1}{\varepsilon_2}}\sin\theta_i \tag{2-162}$$

因此，反射系数 $\Gamma_\perp$ 与透射系数 $\tau_\perp$ 可写为

$$\Gamma_\perp = \frac{\cos\theta_i - \sqrt{\varepsilon_2/\varepsilon_1 - \sin^2\theta_i}}{\cos\theta_i + \sqrt{\varepsilon_2/\varepsilon_1 - \sin^2\theta_i}} \tag{2-163}$$

$$\tau_\perp = \frac{2\cos\theta_i}{\cos\theta_i + \sqrt{\varepsilon_2/\varepsilon_1 - \sin^2\theta_i}} \tag{2-164}$$

平行极化波的磁场只有 H_y 分量，电场只有 E_x 分量和 E_z 分量。媒质1中任意一点的电场和磁场为

$$E_{1x} = E_{ix} + E_{rx} = E_{im}\cos\theta_i(e^{-jk_1 z\cos\theta_i} - \Gamma_\parallel e^{jk_1 z\cos\theta_i})e^{-jk_1 x\sin\theta_i} \tag{2-165}$$

$$E_{1z} = E_{iz} + E_{rz} = E_{im}\sin\theta_i(-e^{-jk_1 z\cos\theta_i} - \Gamma_\parallel e^{jk_1 z\cos\theta_i})e^{-jk_1 x\sin\theta_i} \tag{2-166}$$

$$H_{1y} = H_{iy} + H_{ry} = \frac{E_{im}}{\eta_1}(e^{-jk_1 z\cos\theta_i} + \Gamma_\parallel e^{jk_1 z\cos\theta_i})e^{-jk_1 x\sin\theta_i} \tag{2-167}$$

式中，$\Gamma_\parallel$ 是平行极化波在分界面上的反射系数。

媒质2中任意一点的电场和磁场为

$$E_{2x} = E_{tx} = \tau_\parallel E_{im}\cos\theta_t e^{-jk_2 z\cos\theta_t} e^{-jk_2 x\sin\theta_t} \tag{2-168}$$

$$E_{2z} = E_{tz} = -\tau_{/\!/} E_{im} \sin\theta_t e^{-jk_2 z\cos\theta_t} e^{-jk_2 x\sin\theta_t} \quad (2\text{-}169)$$

$$H_{2y} = H_{ty} = \frac{\tau_{/\!/} E_{im}}{\eta_2} e^{-jk_2 z\cos\theta_t} e^{-jk_2 x\sin\theta_t} \quad (2\text{-}170)$$

式中，$\tau_{/\!/}$ 是平行极化波在分界面上的透射系数。

根据边界条件，在 $z=0$ 的分界面上，电场的切向分量和磁场的切向分量连续，即 $E_{1x} = E_{2x}$，$H_{1y} = H_{2y}$，并利用 $k_1 \sin\theta_i = k_2 \sin\theta_t$，可得到

$$(1-\Gamma_{/\!/})\cos\theta_i = \tau_{/\!/} \cos\theta_t \quad (2\text{-}171)$$

$$\frac{1}{\eta_1}(1+\Gamma_{/\!/}) = \frac{1}{\eta_2}\tau_{/\!/} \quad (2\text{-}172)$$

解得

$$\Gamma_{/\!/} = \frac{\eta_1 \cos\theta_i - \eta_2 \cos\theta_t}{\eta_1 \cos\theta_i + \eta_2 \cos\theta_t} \quad (2\text{-}173)$$

$$\tau_{/\!/} = \frac{2\eta_2 \cos\theta_i}{\eta_1 \cos\theta_i + \eta_2 \cos\theta_t} \quad (2\text{-}174)$$

以上两式又称为平行极化波的菲涅尔公式，二者关系为 $\tau_{/\!/} = (1+\Gamma_{/\!/})\dfrac{\eta_2}{\eta_1}$。

3. 全反射和全透射

对于常见的非磁性媒质，$\mu_1 \approx \mu_2 \approx \mu_0$，此时折射定律为

$$\frac{\sin\theta_t}{\sin\theta_i} = \sqrt{\frac{\varepsilon_1}{\varepsilon_2}} \quad (2\text{-}175)$$

当媒质 2 的介电常数 ε_2 大于媒质 1 的介电常数 ε_1，即 $\varepsilon_2 > \varepsilon_1$ 时，反射系数和透射系数均为实数。

当媒质 1 的介电常数 ε_1 大于媒质 2 的介电常数 ε_2，即 $\varepsilon_1 > \varepsilon_2$ 时，只要

$$\sin\theta_i \leqslant \sqrt{\frac{\varepsilon_2}{\varepsilon_1}} \quad (2\text{-}176)$$

反射系数和透射系数仍为实数。但当 $\sin\theta_i = \sqrt{\dfrac{\varepsilon_2}{\varepsilon_1}}$ 时，由折射定律，有

$$\sin\theta_t = \sqrt{\frac{\varepsilon_1}{\varepsilon_2}}\sin\theta_i = 1 \quad (2\text{-}177)$$

此时 $\theta_t = \dfrac{\pi}{2}$，这表明透射波完全平行于分界面传播，且

$$\Gamma_\perp = \Gamma_{/\!/} = 1 \quad (2\text{-}178)$$

故将这种现象称为全反射。使得透射角 $\theta_t = \dfrac{\pi}{2}$ 的入射角称为临界角，记作 θ_c，即 $\theta_c = \arcsin\left(\sqrt{\dfrac{\varepsilon_2}{\varepsilon_1}}\right)$。

当入射角大于临界角，即 $\theta_i > \theta_c$ 时，有

$$\sin\theta_i > \sin\theta_c = \sqrt{\frac{\varepsilon_2}{\varepsilon_1}} \tag{2-179}$$

此时

$$|\Gamma_\perp| = |\Gamma_{/\!/}| = 1 \tag{2-180}$$

这表明，当入射角大于临界角时，也要发生全反射。

当平面波从媒质 1 入射到媒质 2 时，若反射系数等于 0，则电磁功率全部透射到媒质 2 中，这种现象称为全透射。

对于常见的非磁性媒质，令 $\Gamma_{/\!/} = 0$，有

$$\left(\frac{\varepsilon_2}{\varepsilon_1}\right)^2 \cos^2\theta_i = \frac{\varepsilon_2}{\varepsilon_1} - \sin^2\theta_i \tag{2-181}$$

可得到

$$\theta_i = \arcsin\left(\sqrt{\frac{\varepsilon_2}{\varepsilon_1 + \varepsilon_2}}\right) = \arctan\left(\sqrt{\frac{\varepsilon_2}{\varepsilon_1}}\right) \tag{2-182}$$

使 $\Gamma_{/\!/} = 0$ 的入射角称为布儒斯特角，并记作 θ_b，即

$$\theta_b = \arcsin\left(\sqrt{\frac{\varepsilon_2}{\varepsilon_1 + \varepsilon_2}}\right) = \arctan\left(\sqrt{\frac{\varepsilon_2}{\varepsilon_1}}\right) \tag{2-183}$$

对于垂直极化波，只有当 $\varepsilon_1 = \varepsilon_2$ 时，才能使得 $\Gamma_\perp = 0$。这表明，当垂直极化波以斜入射方式入射到两种非磁性媒质的分界面时，不会发生全透射现象。因此，当一个任意极化的电磁波以布儒斯特角入射到两种非磁性媒质的分界面时，其平行极化分量会全部透射，而反射波中只会剩下垂直极化分量，这起到了一种极化滤波的作用。因此，布儒斯特角也称为极化角。

2.3.4 电磁波的散射与衍射

电磁波的衍射与散射是物理学中的重要概念，主要研究电磁波在传播过程中遇到障碍物时的行为变化，在电磁学中起着关键的作用。

1. 散射

电磁波的散射是指电磁波与物体相互作用后改变方向和传播路径的现象。当电磁波遇到物体时，部分能量会被物体吸收，而另一部分能量会被散射到各个方向。

散射现象是由物体与电磁波的相互作用引起的，这种相互作用可以是光的吸收、散射和反射等。散射的强度取决于物体的大小、形状、材料特性以及电磁波的波长等因素。

根据散射现象的特点，可以将散射分为多种类型，如瑞利散射、米氏散射和无选择性散射。当粒子半径远小于入射波波长，即 $r/\lambda \ll 1$ 时，属于瑞利散射范畴；当粒子半径与入射波波长可相比拟，即 $r/\lambda \approx 1$ 时，属于米氏散射范畴；当粒子半径远大于入射波波长，即 $r/\lambda \gg 1$ 时，属于无选择性散射，可用几何光学处理。接下来介绍几种常见的散射。

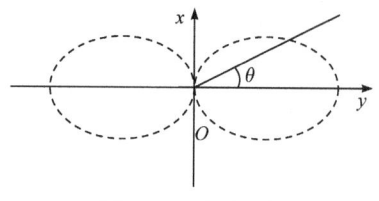

图 2-10 瑞利散射

1) 瑞利散射

瑞利散射发生在散射体尺寸远小于波长的情况下，其散射强度与波长的四次方成反比，这解释了天空为什么是蓝色的，原理如图 2-10 所示。

$$I \propto \frac{1}{\lambda^4} \tag{2-184}$$

当电磁波长比粒子半径大得多时，所产生的散射称为瑞利散射。此时散射元基本是海水中的水分子，所以有时也称瑞利散射为分子散射。为了简单起见，只考虑弹性碰撞过程。因此，波被散射后，只改变原来波的传播方向，而不改变波总能量的光谱分布，散射光分布均匀且对称。

当海水中粒子的直径小于波长的 1/10 或更小时发生的散射，由海水中原子、分子，如水分子等引起。特点是散射强度与波长的四次方成反比。

2) 米氏散射

米氏散射适用于散射体尺寸与波长相当的情况。米氏理论用以描述这种复杂的散射过程。

当粒子的尺度与波长可比拟时，必须考虑散射粒子体内电荷的三维分布。在此散射情况下，散射粒子由许多聚集在一起的复杂分子构成，它们在入射电磁场的作用下，形成振荡的多极子，多极子辐射的电磁波相叠加，就构成散射波。又因为粒子尺度可与波长相比拟，所以入射波的相位在粒子上是不均匀的，造成了各子波在空间和时间上的相位差。在子波组合产生散射波的地方，将出现相位差造成的干涉。这些干涉取决于入射波的波长、粒子的大小、折射率及散射角。当粒子增大时，造成散射强度变化的干涉也增大。因此，散射光强与这些参数的关系，不像瑞利散射那样简单，而要用复杂的级数表达，该级数的收敛相当缓慢。

$$I = I_0 \left[\frac{2J_1(x)}{x} \right]^2 \tag{2-185}$$

米氏散射原理如图 2-11 所示。

米氏散射的特点是散射强度比瑞利散射大得多，散射强度随波长的变化不如瑞利散射那样剧烈。随着尺度参数增大，散射的总能量很快增加，并且最后以振动的形式趋于一定值。散射光强随角度变化出现许多极大值和极小值，当尺度参数增大时，极值的个数也增加。

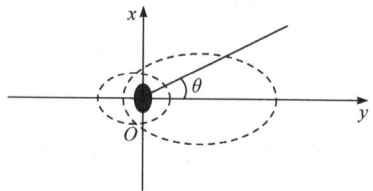

图 2-11 米氏散射

当尺度参数增大时，前向散射与后向散射之比增大，使粒子散射增大。当尺度参数很小时，米氏散射结果可以简化为瑞利散射；当尺度参数很大时，它的结果又与几何光学结果一致；而在尺度参数比较适中的范围内，只有用米氏散射才能得到唯一正确的结果。所以米氏散射计算模式能广泛地描述任何尺度参数均匀球状粒子的散射特点。

3) 无选择性散射

当粒子尺寸比波长大得多时，产生无选择性散射。这时的散射属于几何光学的范畴，也可以称为漫反射，这种大粒子对可见光会产生折射、反射等现象，服从几何光学的规律。这种散射的特点是散射强度与波长无关，任何波长的散射强度相同，因此称为无选择性散射。

2. 衍射

电磁波的衍射是指电磁波绕过或穿过障碍物后产生的波动现象。当电磁波遇到物体边缘或孔径时，波动会发生弯曲和扩散，形成特定的衍射图样。

衍射现象是波动性质的结果，它是电磁波传播的一种特殊现象。根据衍射现象的特点，可以将衍射分为多种类型，如菲涅耳衍射(Fresnel diffraction)、菲涅耳近似剖面衍射和夫琅和费衍射等。

1) 菲涅耳衍射

在光学里，菲涅耳衍射指的是光波在近场区域的衍射，即光源或衍射的图样的屏与衍射孔的距离是有限的。菲涅耳衍射积分式可以用来计算光波在近场区域的传播，因法国物理学者奥古斯丁·菲涅耳而命名，是基尔霍夫(Kirchhoff)衍射公式的近似。

2) 菲涅耳近似剖面衍射

它是指当光通过一个缝隙宽度比光波长大很多的物体时，产生的衍射现象。菲涅耳近似剖面衍射在光学显微镜和光学图案识别中有广泛应用。例如，在显微镜中，通过观察样品的衍射图案，可以确定样品的形状、结构和成分。在光学图案识别中，利用菲涅耳近似剖面衍射原理，可以实现光学图案的识别和解码。

3) 夫琅和费衍射

它是指当光通过一个圆形或球形的物体时，产生的衍射现象。夫琅和费衍射在声波的传播、光学成像和激光加工等领域都有重要应用。例如，在声波的传播中，夫琅和费衍射可以用来解释声音在物体边缘处的衍射现象。在光学成像中，夫琅和费衍射可以用来改善成像质量，提高图像的清晰度和分辨率。在激光加工中，夫琅和费衍射可以用来控制激光束的形状和聚焦效果，实现高精度的加工。

除了以上几种常见的光学衍射类型，还有一些其他的特殊衍射现象，如多普勒效应和布拉格衍射。多普勒效应是指当光源以一定速度相对于观察者运动时，光的频率和波长发生变化的现象。多普勒效应在天文学和物理学领域被广泛应用，例如，通过观察星系的多普勒效应，可以推测它们的运动方向和速度。布拉格衍射是指当光通过具有周期性结构的物体时，产生的衍射现象。布拉格衍射在 X 射线衍射、晶体学和光学光谱等领域有重要应用。例如，在 X 射线衍射中，通过分析和解读样品的布拉格衍射图案，可以确定样品的晶体结构和性质。

3. 散射与衍射之间的关系

散射和衍射是电磁波与物体相互作用时产生的两种波动现象，它们在物理机制和表现形式上有所不同，接下来从几个角度分析其中的差异。

从定义方面来讲，电磁波衍射是指当电磁波传播途中碰到障碍物时，会绕过该障碍物继续进行传播的现象。而电磁波散射则是指电磁波在传播时遇到微小粒子，然后向各个方向散射开来的现象。这两种现象都是电磁波在遇到障碍物后的传播变化，但二者有着明显的区别，衍射侧重于电磁波绕过障碍物后的传播，散射则着重强调向各个方向分散传播。

在理论基础上，二者也有所不同。对于电磁波衍射，主要是以波动理论为依据，利用波动方程来对衍射现象进行描述。然而，电磁波散射主要是基于粒子理论，通过散射截面来对散射现象加以阐释。由此可见，衍射和散射所依赖的理论基础差异明显，衍射建立在波动理论之上，散射则是扎根于粒子理论。

从应用领域来看，这两种现象也各有侧重。电磁波衍射在雷达、通信、无线电、光学等诸多领域都有着广泛的应用。而电磁波散射主要应用于气象、遥感、无损检测等领域。对比之下，衍射和散射的应用领域不同，衍射侧重于通信和雷达等领域，散射主要在气象和遥感等领域发挥其重要价值。

2.4 传输线与波导

2.4.1 传输线模型

分析电磁波沿传输线传播特性的常用方法有两种，分别是"场"分析方法和"路"分析方法。

第一种方法是精确的"场"分析方法。此方法基于麦克斯韦方程组，通过在特定的边界条件下求解电磁场的波动方程，得到各个场的时空变化规律，从而确定电磁波在传输线上的传播特性。这种方法能够完整地描述微波系统，是分析色散波传输系统的根本方法。

第二种方法是"路"分析方法。此方法将传输线视为分布参数电路，利用 Kirchhoff 定律建立传输线方程，从而求得传输线上的电压和电流的时空变化规律，以分析其传播特性。实质上，"路"分析方法是在一定条件下将场分析简化为电路分析，具有足够的精度，同时数学处理更为简单方便，因此被广泛采用，尤其在 TEM 波传输线的分析中多使用此方法。

在微波波段，由于波长非常短，传输线的几何长度通常与工作波长相当或更长。通常用 L/λ 来表示传输线的电长度。当 $L/\lambda > 0.1$ 时，传输线称为长线。因此，长线是一个相对概念，指的是电长度较长，而不是几何长度较长。例如，当频率 $f=10\text{GHz}$（对应波长为 3cm）时，几米长的传输线就被视为长线；但当频率 $f=50\text{Hz}$（对应波长为 6000km）时，即使几百米长的传输线仍被视为短线。因此，同样几何长度的导线，在长波长下为短线，而在短波长下为长线。

在短线情况下，任意时刻的电压 v 和电流 i 几乎在所有位置上都相同，因此它们仅是时间 t 的函数，而与位置 z 无关。然而，在长线情况下，任意时刻的电压和电流在各个位置上都有所不同，因此它们不仅是时间的函数，也是位置的函数。

需要指出的是，考虑传输线的长线效应和分布参数效应所得到的结论是一致的。因此，求解传输线上的电压和电流分布问题实际上就是求解分布参数电路的问题。

短线对应于低频传输线，它在低频电路中只起到连接线的作用，其本身分布参数所引起的效应可以忽略不计，所以在低频电路中只考虑时间因子而忽略空间效应，把电路当作集总参数来处理是允许的。对于长线的微波传输线来说，分布参数就不能再忽视了，传输线除了作连接线之外，还形成分布参数电路，参与整个电路的工作。微波传输线上处处存在分布电阻、分布电感，线间处处存在分布电导、分布电容。通常用 R、L、G、C 分别表示传输线单位长度上的分布电阻、电感、电导和电容，它们的数值与传输线截面尺寸、导体材料、填充介质和工作频率有关。

图 2-12 中的传输线模型为一个简化的传输线模型，用于描述传输线上的信号传输特性。

1）电感（L）

电感代表了传输线上的感应能力。其单位是亨利（H）。电感的存在会产生电流的延迟效应，导致信号随着电感的自感作用而产生延迟。

2）电容（C）

电容代表了传输线的容纳能力。其单位是法拉（F）。电容的存在会产生电压的延迟效应，导致信号随着电容的充电和放电过程而产生延迟。

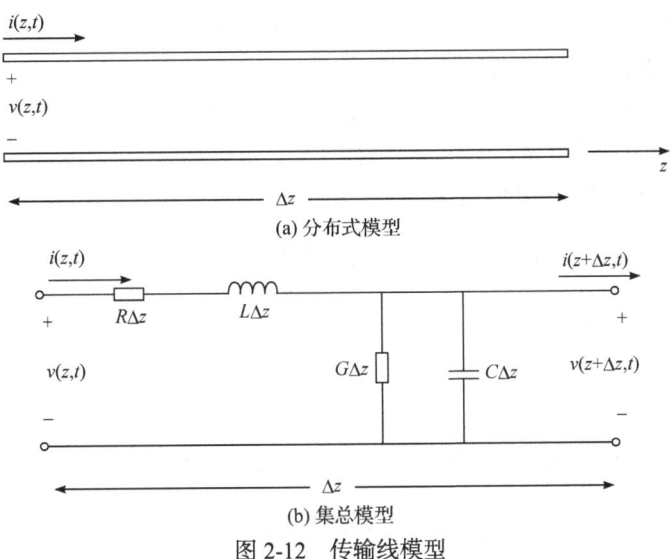

(a) 分布式模型

(b) 集总模型

图 2-12 传输线模型

3）电阻（R）

电阻代表了传输线的电阻特性。其单位是欧姆（Ω）。电阻会产生信号衰减，从而导致传输线上的信号强度逐渐减小。

4）电导（G）

电导是描述导体传输电流能力强弱程度的物理量，是电阻的倒数，也是衡量导体导电能力的指标，其单位是西门子（S）。

表 2-2 为常用传输线的参量。

表 2-2 常用传输线的参量

参量	同轴线	双线	平行平板
模型			
L	$\dfrac{\mu}{2\pi}\ln\dfrac{b}{a}$	$\dfrac{\mu}{\pi}\mathrm{arcosh}\left(\dfrac{D}{2a}\right)$	$\dfrac{\mu d}{w}$
C	$\dfrac{2\pi\varepsilon'}{\ln(b/a)}$	$\dfrac{\pi\varepsilon'}{\mathrm{arcosh}(D/(2a))}$	$\dfrac{\varepsilon' w}{d}$
R	$\dfrac{R_S}{2\pi}\left(\dfrac{1}{a}+\dfrac{1}{b}\right)$	$\dfrac{R_S}{\pi a}$	$\dfrac{2R_S}{w}$
G	$\dfrac{2\pi\omega\varepsilon''}{\ln(b/a)}$	$\dfrac{\pi\omega\varepsilon''}{\mathrm{arcosh}(D/(2a))}$	$\dfrac{\omega\varepsilon'' w}{d}$

以上就是传输线模型的基本组成。通过使用这个模型，可以更好地理解传输线上信号的

传输特性,以及设计更高效的传输线。请注意,实际传输线的模型可能更加复杂,因为还要考虑更多的因素,如信号反射、串扰等。

当涉及传输线的参数时,一些常见的参数包括传播常数、相速、相波长、输入阻抗、输入导纳,下面对每个参数进行较为详细的解释。

由图 2-12 以及 Kirchhoff 电压定律得

$$u(z,t) - R\Delta z i(z,t) - L\Delta z \frac{\partial i(z,t)}{\partial t} - u(z+\Delta z, t) = 0 \qquad (2\text{-}186)$$

由 Kirchhoff 电流定律得

$$i(z,t) - G\Delta z u(z,t) - C\Delta z \frac{\partial u(z+\Delta z,t)}{\partial t} - i(z+\Delta z, t) = 0 \qquad (2\text{-}187)$$

式(2-186)和式(2-187)两边同除以Δz,并且取极限$\Delta z \to 0$,则

$$\frac{\partial u(z,t)}{\partial z} = -Ri(z,t) - L\frac{\partial i(z,t)}{\partial t} \qquad (2\text{-}188)$$

$$\frac{\partial i(z,t)}{\partial z} = -Gu(z,t) - C\frac{\partial u(z,t)}{\partial t} \qquad (2\text{-}189)$$

这就是时域的传输线基本方程,该方程是根据线上电压、电流的变化规律而推导出来的,故又称为电波方程。

对于时谐电磁波,由于时谐因子为$e^{j\omega t}$,ω是角频率,单位为弧度/秒(rad/s),且又因为$d(e^{j\omega t})/dt = j\omega e^{j\omega t}$,所以可以把函数$u(z,t)$和$i(z,t)$中间的自变量分离出来,即

$$u(z,t) = \text{Re}[U(z)e^{j\omega t}] \qquad (2\text{-}190)$$

$$i(z,t) = \text{Re}[I(z)e^{j\omega t}] \qquad (2\text{-}191)$$

对式(2-190)和式(2-191)进行改写并对z求导得到两个微分方程可用来计算得出电压和电流的波动方程的通解式(2-192)和式(2-193)。

$$U(z) = U_1 e^{-\gamma z} + U_2 e^{\gamma z} \qquad (2\text{-}192)$$

$$I(z) = I_1 e^{-\gamma z} + I_2 e^{\gamma z} \qquad (2\text{-}193)$$

对于无耗传输线,因为其衰减常数α为 0,则相应的相位常数为

$$\beta = \omega\sqrt{LC} \qquad (2\text{-}194)$$

与均匀平面电磁波的情形相似,传输线上行波的等相位面移动的速度称为相速,即

$$v_p = \frac{\omega}{\beta} \qquad (2\text{-}195)$$

对于给定工作频率的传输线,就可以求出上面的相速。而对于有损耗传输线来说,它上面的行波相速与工作频率有关,也就说明有损耗传输线也是色散系统。

对于无耗传输线,把式(2-194)代入式(2-195)可得

$$v_p = \frac{1}{\sqrt{LC}} \qquad (2\text{-}196)$$

可见,无耗的 TEM 波传输线上波的相速与理想介质中的均匀电磁波类似,与在传输线

中传输的电磁波的工作频率无关，仅取决于传输线的分布参数。

与均匀平面电磁波相似，对于传输线上的行波来说，在任何瞬间，如果沿传播方向上的两点之间的相位差为 2π，则这两点之间的距离称为一个相波长，即

$$\lambda_p = \frac{2\pi}{\beta} \tag{2-197}$$

将式 (2-194) 和圆频率 $\omega = 2\pi f$ 代入式 (2-197)，并与式 (2-196) 比较，可得传输线上行波相速与波长之间的关系，即

$$v_p = f\lambda_p \tag{2-198}$$

1) 真空中的波长 λ_0

电磁波在无限大真空（空气）中传播时的波长 $\lambda_0 = c/f$，式中，c 为真空中的光速，f 为电磁波的频率。

2) 介质中的波长 λ

电磁波在无限大介质中传播时的波长 $\lambda = \lambda_0/\sqrt{\varepsilon_r}$，$\varepsilon_r$ 为介质的相对介电常数。

3) 相波长 λ_p

电磁波在传输线的有限空间中传播时的波长称为相波长 λ_p。

4) 波导波长 λ_g

电磁波在波导传输线中传播时的相波长称为波导波长 λ_g。

相波长的概念适合各种传输线，波导波长是波导传输线中的相波长，是一个特例。由上述可见，同一频率的电磁波在不同的传播状态时的波长是不同的。

均匀无耗传输线如图 2-13 所示，传输线特性阻抗为 Z_c，相位常数为 β，传输线终端接负载 Z_l，坐标原点在负载位置。假设终端电压为 U_1，终端电流为 I_1。距终端 z 处向负载方向看进去的输入阻抗 $Z_{in}(z)$ 定义为该处的电压波与电流波的比值：

$$Z_{in}(z) = \frac{U(z)}{I(z)} = Z_c \frac{Z_l \cos\beta z + jZ_c \sin\beta z}{Z_c \cos\beta z + jZ_l \sin\beta z} \tag{2-199}$$

即

$$Z_{in}(z) = Z_c \frac{Z_l + jZ_c \tan\beta z}{Z_c + jZ_l \tan\beta z} \tag{2-200}$$

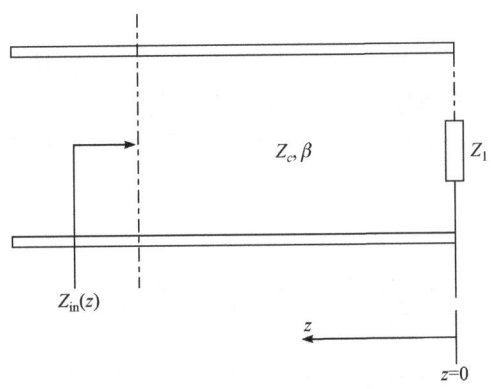

图 2-13　均匀无耗传输线

从式(2-200)可以看出，对于具有一定特性阻抗的传输线，不同终端负载在不同位置处的输入阻抗不同；如果终端负载一定，那么传输线上不同位置处所呈现出来的阻抗特性不同。因此，不同长度的传输线具有阻抗变换的作用。

这些参数是传输线设计和分析中的关键参数，了解和控制这些参数，可以帮助优化传输线的性能，确保信号的有效传输和匹配。

对于波动方程的解，若要求其对任意 z 都成立，则必须满足以下关系：

$$\begin{cases} \dfrac{U_1}{I_1} = \dfrac{R + j\omega L}{\gamma} \\ \dfrac{U_2}{I_2} = -\dfrac{R + j\omega L}{\gamma} \end{cases} \quad (2\text{-}201)$$

入射波电压 $U^+(z)$、电流 $I^+(z)$ 复振幅的比值 U_1/I_1，以及反射波电压 $U^-(z)$、电流 $I^-(z)$ 复振幅的比值 U_2/I_2 均具有阻抗的量纲，负号表示方向相反。对于均匀无耗传输线，由式(2-201)得

$$\begin{cases} \dfrac{U_1}{I_1} = \sqrt{\dfrac{L}{C}} \\ \dfrac{U_2}{I_2} = -\sqrt{\dfrac{L}{C}} \end{cases} \quad (2\text{-}202)$$

因此，可以定义一个阻抗

$$Z_c = \sqrt{\dfrac{L}{C}} = \dfrac{U_1}{I_1} = -\dfrac{U_2}{I_2} \quad (2\text{-}203)$$

它反映的是行波在传输线上传播时电压和电流之间的关系，并不是普通意义的导线的欧姆损耗，把它称为传输线的特性阻抗。

传输线的特性阻抗是传输线的一个重要参数，它描述了传输线上电流和电压之间的比例关系。特性阻抗通常以欧姆(Ω)为单位，是传输线固有的特性，与传输线的几何形状、材料特性以及周围环境等因素密切相关。

在微波领域，常见的传输线包括微带线、同轴电缆和波导等，它们具有不同的几何结构和工作原理，因此特性阻抗也各不相同。微带线的特性阻抗通常为 50~100Ω。同轴电缆的特性阻抗通常为 50~75Ω。

2.4.2 传输线特性

传输线的传输方程描述了信号在传输线上的行为和传播特性。它是通过电磁波和电路理论推导而来的，可以用来分析信号的传输、衰减和反射等特性。

传输线的传输方程是一个偏微分方程，通常使用时域或频域来表示。以下是一般性的传输线传输方程。

时域传输方程：

$$\dfrac{\partial^2 V(z,t)}{\partial z^2} = \dfrac{L}{C} \dfrac{\partial^2 V(z,t)}{\partial t^2} + \dfrac{R}{L} \dfrac{\partial V(z,t)}{\partial t} \quad (2\text{-}204)$$

$$\dfrac{\partial^2 I(z,t)}{\partial z^2} = \dfrac{L}{C} \dfrac{\partial^2 I(z,t)}{\partial t^2} + \dfrac{R}{L} \dfrac{\partial I(z,t)}{\partial t} \quad (2\text{-}205)$$

式中，$V(z,t)$是传输线上位置 z 处的电压；$I(z,t)$是传输线上位置 z 处的电流；L 是传输线的电感值；C 是传输线的电容值；R 是传输线的电阻值。

频域传输方程：

$$\frac{\partial^2 V(z,\omega)}{\partial z^2} + \frac{R}{L}\frac{\partial V(z,\omega)}{\partial z} + (\omega^2 LC - G)V(z,\omega) = 0 \tag{2-206}$$

$$\frac{\partial^2 I(z,\omega)}{\partial z^2} + \frac{R}{L}\frac{\partial I(z,\omega)}{\partial z} + (\omega^2 LC - G)I(z,\omega) = 0 \tag{2-207}$$

式中，$V(z,\omega)$是位置 z 处的频率为 ω 的电压响应；$I(z,\omega)$是位置 z 处的频率为 ω 的电流响应；L 是传输线的电感值；C 是传输线的电容值；R 是传输线的电阻值；G 是传输线的电导值。

这些传输方程可以通过重复使用微元分析的方法，假设传输线上的电压和电流沿着传输方向变化的规律，来推导出来。这些方程可以用来解析和模拟传输线上的信号行为，帮助预测和优化传输线的性能，包括信号的衰减、传播速度、信号反射等。

当平面波在传输线中传输时，它可以表示为电压和电流的复数函数。平面波由电场和磁场组成，沿着传输线方向传播。在传输线的传输中，平面波的行为受到传输线的特性阻抗、反射和衰减等因素的影响。

传输线中的平面波可以用以下复数形式表示：

$$V(z,t) = V_0 e^{j(\omega t - \beta z + \varphi)} \tag{2-208}$$

$$I(z,t) = I_0 e^{j(\omega t - \beta z + \varphi)} \tag{2-209}$$

式中，$V(z,t)$是传输线上位置 z 处的电压；$I(z,t)$是传输线上位置 z 处的电流；V_0 和 I_0 分别是电压和电流的振幅；j 是虚数单位 $\sqrt{-1}$；ω 是角频率 $2\pi f$，f 是波的频率；t 是时间；β 是相位常数，表示平面波在传输线上的传播速度和相位变化；φ 是相位差。

反射系数是描述在传输线终端处反射波与入射波比率的一个参数。它表示由负载阻抗与传输线特性阻抗不匹配而产生的反射。

反射系数定义为反射电压 V_r 和入射电压 V_i 之比：

$$\Gamma = \frac{V_r}{V_i} \tag{2-210}$$

在负载阻抗 Z_L 和传输线特性阻抗 Z_0 已知的情况下，反射系数可以表示为

$$\Gamma = \frac{V_r}{V_i} = \frac{Z_L - Z_0}{Z_L + Z_0} \tag{2-211}$$

驻波比是描述传输线上驻波程度的一个参数，表示最大电压与最小电压的比值。驻波是由反射波与入射波叠加而形成的。

电压驻波比(voltage standing wave ratio，VSWR)定义为

$$\text{VSWR} = \frac{V_{\max}}{V_{\min}} = \frac{1 + |\Gamma|}{1 - |\Gamma|} \tag{2-212}$$

行波系数(traveling wave ratio，TWR)描述了传输线中电压和电流随位置变化的特性。虽然行波系数不如反射系数和驻波比常用，但在某些情况下它用于描述波的传播特性。

设入射波电压为 V_i，反射波电压为 V_r，在任意位置 z 处，电压和电流为

$$V(z) = V_i \mathrm{e}^{-\mathrm{j}\beta z} + V_r \mathrm{e}^{\mathrm{j}\beta z}$$
$$I(z) = \frac{V_i}{Z_0} \mathrm{e}^{-\mathrm{j}\beta z} - \frac{V_r}{Z_0} \mathrm{e}^{\mathrm{j}\beta z} \tag{2-213}$$

阻抗匹配是为了最大化功率传输并最小化反射，通过调整负载阻抗 Z_L 使其与传输线特性阻抗 Z_0 匹配的过程。理想的匹配条件是

$$Z_L = Z_0 \tag{2-214}$$

在这种情况下，反射系数为零：

$$\Gamma = \frac{Z_L - Z_0}{Z_L + Z_0} = 0 \tag{2-215}$$

1) 最大功率传输

当 $Z_L = Z_0$ 时，反射系数为零，所有入射功率都被负载吸收，实现最大功率传输。

2) 最小反射

反射系数为零意味着没有反射波，避免了由反射波造成的信号损失和干扰。

平面波在传输线中的行为由传输线的特性阻抗、反射系数和衰减系数等因素决定。传输线的特性阻抗是传输线上的电压和电流之比，影响平面波的传输和反射。反射系数描述了平面波在传输线末端的反射程度，而衰减系数衡量了平面波在传输过程中幅度的逐渐减小。

当平面波在传输线中传输时，会发生反射、传播和衰减等过程。当平面波到达传输线末端时，一部分能量会被反射回来，而另一部分能量会继续沿传输线传播。在这个过程中，平面波的幅度会逐渐衰减，因为能量会被传输线吸收或转化。

理解反射系数、驻波比及阻抗匹配的概念和公式推导，对于设计高效的传输线系统和天线系统至关重要。这些参数有助于优化系统性能，确保信号传输的高效和可靠。反射和匹配是传输线设计中需要考虑的重要因素。通过合理设计和选择传输线的特性阻抗，并采用适当的匹配技术，可以最小化反射，确保信号的无损传输，从而提高系统的性能和稳定性。这些方法帮助理解平面波在传输线中的行为，并优化传输线的设计和性能。

2.4.3 典型传输线

1. 同轴电缆

1) 结构

同轴电缆是一种常用的传输线结构，由内导体、绝缘层和外导体组成。它的结构如下。

在同轴电缆中，内导体和外导体之间形成一个共同的轴对称结构，因此称为同轴。内导体和外导体之间的空间称为同轴电缆的传输介质，由绝缘层填充。

同轴电缆的优点是具有较好的屏蔽效果，能够有效防止外界信号干扰；同时，由于内导体和外导体之间有绝缘层的存在，它还能提供良好的阻抗匹配和信号传输性能。这使得同轴电缆在高频、高速和长距离传输等场景中得到广泛应用，如电视信号传输、计算机网络和通信系统等。

2) 特性阻抗

同轴电缆的特性阻抗是指在单位长度上，同轴电缆内的电流和电压的比例关系。同轴电缆的特性阻抗通常以欧姆(Ω)为单位，是同轴电缆固有的一个重要参数。

特性阻抗是由同轴电缆内导体的尺寸和材料以及绝缘层的介电常数决定的。通常，特性

阻抗对于同轴电缆的设计和应用至关重要，特别是在高频和射频信号传输中。对于常见的同轴电缆，如 50Ω 和 75Ω 的同轴电缆，它们的特性阻抗由内导体直径、外导体直径、绝缘层的介电常数等因素决定。其中，50Ω 的同轴电缆常用于高频和射频应用，如无线通信、计算机网络和测量设备等；而 75Ω 的同轴电缆则主要用于视频、电视信号传输等应用。

需要注意的是，特性阻抗一般是在设计和制造同轴电缆时确定的，是同轴电缆固有的特性。在实际应用中，为了确保信号传输的质量和匹配，需要保持同轴电缆的特性阻抗与其他设备或传输线的特性阻抗一致。

3) 传输模式

同轴电缆是一种传输电磁波的结构，广泛应用于射频和微波频率的信号传输。其主要传输模式是横电磁波模式，此外，在较高频率下可能会激发高次模式。以下是对同轴电缆传输模式的详细介绍。

(1) TEM 模式。

横电磁波模式 (TEM 模式)：电磁波的电场 (E) 和磁场 (H) 均垂直于传播方向，并且相互正交。电场存在于内导体和外导体之间，磁场环绕内导体和外导体。TEM 模式可以在非常宽的频率范围内传播，是同轴电缆的主要传输模式。

(2) TE 模式和 TM 模式。

在高频条件下，同轴电缆可能激发高次模式，包括横电场 (transverse electric，TE) 模式和横磁场 (transverse magnetic，TM) 模式。然而，这些模式的截止频率通常较高，在普通应用中很少激发。

(3) 模式转换和截止频率。

模式转换发生在电缆内结构或电磁场分布发生变化时，例如，在连接器、不连续介质或高频段。为确保只传输 TEM 模式，设计时应保证工作频率远低于 TE 和 TM 模式的截止频率。

同轴电缆主要以 TEM 模式传输电磁波，具有宽频带、低损耗和高屏蔽效能。在高频下可能激发高次 TE 和 TM 模式，但通常通过设计避免这些模式的激发，以确保信号的高质量传输。理解同轴电缆的传输模式有助于优化其在不同应用中的性能。

4) 传输特性

同轴电缆具有一些重要的传输特性，这些特性直接影响着信号传输的质量和性能。以下是同轴电缆的几种常见传输特性。

(1) 带宽。

同轴电缆的带宽是指能够有效传输信号的频率范围。较大的带宽表示同轴电缆能够传输更广泛的频率范围内的信号，对于高速数据和宽带信号的传输很关键。

(2) 传输损耗。

传输损耗是指信号在传输过程中因电力耗散而产生的能量损失。较小的传输损耗意味着能够更有效地传输信号，减少信号衰减和失真。

(3) 衰减常数。

衰减常数是指信号在每单位长度上的衰减比例。它与传输损耗直接相关，描述了信号在传输过程中的衰减程度。较小的衰减常数表示信号能够在较长距离内保持较小的衰减，有利于长距离传输时的信号强度和质量维持。

这些传输特性直接影响同轴电缆在不同应用场景下的可靠性和性能。在实际应用中，根据具体需求，需要综合考虑这些特性并选择适当的同轴电缆来满足信号传输的要求。

2. 微带线

1) 结构

微带线是一种常用的传输线结构,通常用于高频、射频和微波电路中。它由多个层次的材料组成,包括基底材料、导体层、绝缘层和覆盖层。

在微带线结构中,导体层和绝缘层之间的相对位置和尺寸对微带线的特性阻抗、传输损耗和频率响应等有着重要的影响。微带线的几何参数,如导线宽度、导线间距和基底材料的厚度,可以调整以满足特定的设计要求,如特性阻抗的匹配和信号传输的要求。

微带线的工作原理基于电磁波在介质和导体之间的传播。它的主要特点是微带线中的电磁波以准 TEM 模式传播。电场主要垂直于介质表面,磁场平行于介质表面。

2) 特性阻抗

微带线的特性阻抗 Z_0 是由导体条宽度 W、介质基板厚度 h、有效介电常数 ε_{eff} 等因素决定的。

对于微带线,可以通过近似公式计算其特性阻抗:

$$Z_0 = \frac{60}{\sqrt{\varepsilon_{\text{eff}}}} \ln\left(8\frac{h}{W} + 0.25\frac{W}{h}\right) \tag{2-216}$$

3) 有效介电常数

由于电磁波部分在空气中传播,微带线的有效介电常数 ε_{eff} 通常低于基板材料的介电常数 ε_r:

$$\varepsilon_{\text{eff}} = \frac{\varepsilon_r + 1}{2} + \frac{\varepsilon_r - 1}{2}\left(1 + 12\frac{h}{W}\right)^{-1/2} \tag{2-217}$$

微带线的损耗主要来源于导体损耗和介质损耗。

由于金属导体的有限导电性,表面电流会产生损耗,称为表面损耗。

由于介质材料的有限介电常数,电磁波传播时会产生损耗。

4) 应用

微带线在射频和微波电路领域占据着极为重要的地位,其应用范围十分广泛。在滤波器方面,借助微带线能够精心设计出多种类型的滤波器,例如,带通滤波器可允许特定频段的信号通过而抑制其他频段信号,带阻滤波器则正好相反,能有效阻挡特定频段信号,这些滤波器在信号处理与频率选择上起着关键作用。

对于匹配网络而言,微带线的应用可实现阻抗匹配功能。通过合理调整微带线的参数,能够使电路的输入阻抗与输出阻抗相互适配,从而确保信号在传输过程中实现最大功率传输,减少因阻抗不匹配而导致的功率损耗与信号反射等问题,保障电路高效稳定运行。

在分配器和耦合器的设计中,微带线同样大显身手。利用它可以设计出功率分配器,将输入信号按照特定比例分配到多个输出端口;定向耦合器则能够对主传输线中的信号进行取样或分离,在微波通信系统以及功率监测等方面有着不可或缺的作用。

此外,在天线设计领域,微带贴片天线是微带线应用的一大亮点。这种天线具有低剖面的特性,相较于传统天线在空间占用上更具优势,能够更好地满足一些对设备体积有严格要求的应用场景;其轻量化的特点使其在航空航天、移动设备等对重量敏感的领域得以广泛应用;并且易于集成的优势让它能够方便地与其他射频和微波电路组件整合在一起,大大提高了整个系统的集成度与性能稳定性,促进了现代无线通信技术等领域的快速发展。

微带线通过其独特的结构和电磁特性，成为现代射频和微波电路设计中不可或缺的一部分。通过合理的设计和优化，可以在许多应用中实现高效的信号传输和处理。理解微带线的工作原理和计算公式，有助于设计出性能优良的射频和微波电路。

2.4.4 波导理论

波导理论

1. 波导基本概念

波导是一种用于引导电磁波传播的结构，通常用于高频和微波系统中。波导的设计和结构取决于其应用和工作频率。

波导的结构多种多样，每种结构都有其特定的应用和优点。矩形波导和圆形波导是最常见的两种类型，适用于大多数微波和毫米波应用。同轴波导和平行板波导则适用于更宽频带的信号传输。介质波导主要用于光纤通信和高频毫米波应用，而椭圆波导和矩形同轴波导用于一些特殊应用场景。选择合适的波导结构需要考虑具体的应用需求、工作频率和功率要求等因素。

以下是几种常见的波导结构及其基本特点。

1）矩形波导

矩形波导是最常见的一种波导结构，广泛用于微波和毫米波频段。其截面是一个矩形。其宽边用 a 表示和窄边用 b 表示。矩形波导主要传输 TE（横电场）和 TM（横磁场）模式。最常用的模式是主模 TE_{10} 模式。

TE_{mn} 模式的截止频率为

$$f_c = \frac{1}{2\pi\sqrt{\mu\sigma}}\sqrt{\left(\frac{m\pi}{a}\right)^2 + \left(\frac{n\pi}{b}\right)^2} \tag{2-218}$$

式中，a 是矩形波导的宽度；b 是矩形波导的高度；μ 是介质的磁导率；σ 是介质的电导率；m 和 n 分别表示模式的横向和纵向谐波数。

矩形波导的结构示意图如图 2-14 所示。

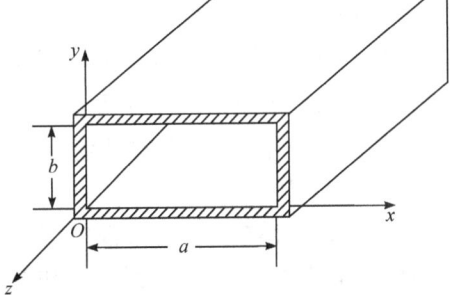

图 2-14 矩形波导

2）圆形波导

圆形波导具有圆形截面，也常用于微波和毫米波频段。其主要传输 TE 和 TM 模式。最常见的模式是 TE_{11} 模式。TE_{mn} 模式的截止频率为

$$f_c = \frac{x'_{mn}}{2\pi a\sqrt{\mu\sigma}} \tag{2-219}$$

式中，a 是波导半径；x'_{mn} 是对应模式的截止频率参数；μ 和 σ 分别是介质的磁导率和电导率。

圆形波导的结构示意图如图 2-15 所示。

3）平行板波导

平行板波导由两块平行导体板组成，通常用于研究和低频应用。其主要传输 TEM 模式，并且不存在截止频率，可以传输直流和低频信号。

平行板波导的结构示意图如图 2-16 所示。

2. 波导的传输特性

波导是用于引导电磁波传播的结构，具有不同的模式和传输特性。以下是关于波导模式

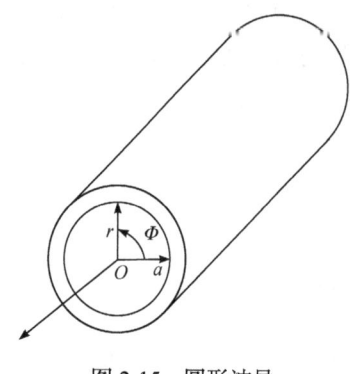

图 2-15 圆形波导

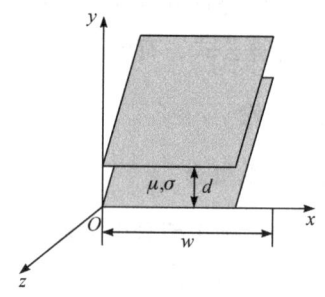

图 2-16 平行板波导

和截止频率的详细介绍。

波导模式指电磁波在波导中传播时的电场和磁场分布类型。根据电磁场在波导截面上的分布情况，波导模式分为 TE 模式、TM 模式、TEM 模式和混合模式。

1) TE 模式

在 TE 模式下，电磁波的传播方向上没有电场分量，即 $E_z=0$。电场分量 E_x 和 E_y 存在。磁场分量 H_x、H_y 和 H_z 存在。在矩形波导中，TE 模式表示为 TE_{mn}，其中 m 和 n 分别表示电场在横向和纵向上的谐波数。

2) TM 模式

在 TM 模式下，电磁波的传播方向上没有磁场分量，即 $H_z=0$。电场分量 E_x、E_y 和 E_z 存在。磁场分量 H_x 和 H_y 存在。在矩形波导中，TM 模式表示为 TM_{mn}，其中 m 和 n 分别表示磁场在横向和纵向上的谐波数。

3) TEM 模式

在 TEM 模式下，电磁波的传播方向上没有电场和磁场分量，即 $E_z=0$ 和 $H_z=0$。电场分量 E_x 和 E_y 存在。磁场分量 H_x 和 H_y 存在。TEM 模式常见于同轴波导和平行板波导中。它没有截止频率，可以在任意频率下传播。

4) 混合模式

混合模式在传播方向上同时具有电场和磁场分量，表示为 HE(hybrid electric)和 HM(hybrid magnetic)模式。混合模式常见于非均匀或复杂的波导结构，如椭圆波导和介质波导。

3. 截止频率

截止频率是指某一模式在波导中能够传播的最低频率。低于此频率的信号将被衰减，无法有效传播。不同波导模式有不同的截止频率。

对于矩形波导，TE_{mn} 和 TM_{mn} 模式的截止频率计算公式为式(2-218)。

TE_{10} 模式的截止频率为

$$f_c=\frac{c}{2a} \tag{2-220}$$

式中，c 是光速。

对于圆形波导，TE_{mn} 和 TM_{mn} 模式的截止频率计算公式为式(2-219)。对于同轴波导，由于传输的是 TEM 模式,没有截止频率,可以在任何频率下工作。对于平行板波导通常也没有截止频率,可以在直流和低频下工作。

波导模式和截止频率是波导传输特性的关键。不同波导模式在传播方向上有不同的电场和磁场分布,影响电磁波的传播特性。截止频率决定了某一模式能够有效传播的最低频率,不同模式和不同波导结构的截止频率各不相同。理解这些概念对于波导设计和应用至关重要。

4. 波导的应用

波导是一种用于传输电磁波的结构,通常在微波、毫米波和更高频率的电磁波范围内应用。由于波导具有低损耗、高功率处理能力和良好的模式控制特性,因此在许多领域得到广泛应用。

波导在多个重要的技术领域都有着极为关键的应用。在雷达系统中,由于其需要传输高频信号,并且对高功率处理能力以及低损耗有着严格要求,波导便脱颖而出。在天线馈线方面,波导承担着将雷达收发机与天线紧密连接的重任,从而有力地保障了微波信号能够高效地进行传输。而波导开关和耦合器则在控制和分配雷达信号过程中发挥着不可替代的作用,它们能够有效地优化整个雷达系统的性能,使得雷达在探测目标、跟踪定位等功能上更加精准和可靠。

在微波和毫米波通信领域,波导同样扮演着举足轻重的角色。对于微波和毫米波通信系统而言,其高频信号的高效传输至关重要,波导特别契合远距离传输以及高数据速率需求的应用场景。在卫星通信方面,波导能够确保卫星与地面站之间信号传输的低损耗与高稳定性,这对于卫星通信的质量和可靠性有着决定性的影响。在地面微波链路中,波导为城市和农村之间的长距离通信提供了坚实可靠的传输路径,保障了信息能够稳定地在不同区间传递,满足了人们在通信方面日益增长的需求。

此外,在测试与测量设备领域,波导也是不可或缺的重要组成部分。在各种微波和毫米波测试设备里,波导被广泛应用于精确测量和校准工作。在矢量网络分析仪中,波导能够精准地测量元器件的 S 参数,从而为科研和工程应用提供高精度的测量结果,有助于深入研究元器件的性能和特性。在频谱分析仪中,波导则可以确保信号的精确传输,使得对信号频谱和特性的分析更加准确,为通信系统的优化、故障排查等工作提供了有力的技术支持。

2.5 天线基础知识

2.5.1 基本概念

天线是一种将导线中的高频电流转换为电磁波(发射)或将电磁波转换为高频电流(接收)的设备。它既可以将射频信号从发射机辐射到自由空间,也可以将自由空间中的射频信号接收并传输到接收机。

天线基于其几何结构和电磁特性可以分为二维天线和三维天线。下面对偶极子天线、端射天线、缝隙天线和贴片天线分别进行讨论。

偶极子天线由两根线性导体组成,通常是两根等长的导线,是一种三维天线。偶极子天线在空间中分布,有明确的长度和方向,是三维结构。它的辐射特性在三维空间中体现,尽管通常用二维平面上的图来表示其辐射图形。

缝隙天线是在金属平面上开槽形成的天线，通过槽孔发射或接收电磁波，是一种二维天线。缝隙天线的主要特征是金属平面上的开槽，其结构和工作原理主要在二维平面内进行。尽管电磁波在三维空间中传播，其设计和实现主要是二维的。

端射天线是指天线的主要辐射方向沿着天线的轴向，如在天线的一端，是一种三维天线。端射天线如螺旋天线或喇叭天线，它们的几何形状和辐射特性明显存在于三维空间中，因此是三维天线。

贴片天线通常是金属贴片，贴在介电基板上，基板的另一面是接地平面。常见的形状有矩形、圆形等，是一种二维天线。尽管贴片天线有厚度，其主要结构是平面内的，设计和实现主要在二维平面内进行。因此，贴片天线通常视为二维天线。

2.5.2 天线参数

天线参数

1. 天线增益

定向性和增益是天线最重要的参量。天线的定向性是在远场区的某一球面上最大辐射功率密度（公式）与其平均值之比，是大于等于1的无量纲比值，写成

$$D = \frac{U(\theta,\phi)}{U_{\text{iso}}} \tag{2-221}$$

式中，$U(\theta,\phi)$ 是天线在方向 (θ,ϕ) 上的辐射强度；U_{iso} 是无方向性天线的辐射强度，且

$$U_{\text{iso}} = \frac{P_{\text{in}}}{4\pi} \tag{2-222}$$

天线增益是一个实际的参量，该参量因天线或天线罩的欧姆损耗而小于定向性。在发射状况下，天线增益还包括向天线馈送功率的损耗。这种损耗并不意味着辐射，而是意味着加热天线结构。天线馈线的失配也会减小增益。

天线增益定义为方向性和辐射效率的乘积，即

$$G = \eta D = \left(1 - \frac{P_{\text{L}}}{P_{\text{in}}}\right)D \tag{2-223}$$

式中，P_{L} 为天线的损耗功率；P_{in} 为天线的输入端功率；η 为天线的辐射效率。

2. 波束宽度

波束宽度（beamwidth）是描述天线辐射方向特性的一个重要参数。波束宽度通常定义为在辐射方向图的主瓣中，辐射功率密度下降至最大值−3dB（即功率降为峰值的一半）时，两点之间的夹角，称为半功率波束宽度（half power beamwidth，HPBW）。此外，还有第一旁瓣到第一旁瓣的零点宽度，称为零点到零点波束宽度（first null beamwidth，FNBW）。

天线的辐射方向图描述了天线在空间各方向上的辐射强度分布。假设在一个二维平面内，天线在方向 θ 上的辐射强度为 $U(\theta)$。

假设主波束在 $\theta = 0$ 方向上达到最大辐射强度 $U_{\max}$。半功率点是指辐射强度降至最大值的一半的位置，即

$$U(\theta) = \frac{U_{\max}}{2} \tag{2-224}$$

对于许多实用天线,可以使用经验公式近似计算半功率波束宽度。对于一个方向性 D 的天线,半功率波束宽度可以近似表示为

$$\theta_{\text{HPBW}} \approx \frac{70°}{\sqrt{D}} \tag{2-225}$$

这种近似公式适用于大多数常见的天线类型,如抛物面反射器和线性阵列天线。

波束宽度是衡量天线辐射或接收方向性的重要指标,尤其是半功率波束宽度(HPBW),它表示天线主波束中辐射强度降至最大值的一半的角度范围。具体的波束宽度可以通过天线的辐射方向图确定,也可以通过近似公式快速估算。了解波束宽度对于设计和应用天线至关重要,特别是在需要高方向性的场合,如雷达和卫星通信。

3. 阻抗

天线的阻抗(antenna impedance)是描述天线输入端的电压和电流关系的复数参数。它表示天线输入端的复数电阻抗,包括电阻(resistance)和电抗(reactance)两部分。天线阻抗对于实现天线与馈电系统之间的阻抗匹配至关重要,以减少反射和驻波,从而提高传输效率。

天线的输入阻抗 Z_{in} 定义为天线输入端的电压 V_{in} 和电流 I_{in} 之比:

$$Z_{\text{in}} = \frac{V_{\text{in}}}{I_{\text{in}}} = R_{\text{in}} + jX_{\text{in}} \tag{2-226}$$

式中,R_{in} 是输入电阻,表示天线的实际功率消耗部分;X_{in} 是输入电抗,表示天线的储能部分,可以是电感性或电容性。

阻抗由四个部分组成,分别是:输入电阻(R_{in}),包含辐射电阻和损耗电阻;辐射电阻(R_r),与天线辐射功率有关;损耗电阻(R_L),与天线材料和介质损耗有关;输入电抗(X_{in}),由天线的电感和电容效应引起,取决于天线的几何形状和尺寸。

天线阻抗是频率的函数,不同频率下天线的阻抗值不同。对于特定设计频率,天线阻抗通常被设计成与馈电线阻抗匹配。

天线的输入阻抗是描述天线电压和电流关系的复数参数,包括电阻和电抗部分。实现天线和馈电系统之间的阻抗匹配对于提高传输效率至关重要。通过理解天线的阻抗特性,可以更好地设计和调整天线系统以满足实际应用需求。

4. 带宽

天线的带宽是指天线能够有效工作的频率范围。在这个范围内,天线的性能指标保持在可接受的范围内。带宽是天线设计中一个关键参数,因为它决定了天线在多大频率范围内能保持良好性能。

带宽可以用多种方式定义,常见的包括:绝对带宽,即频率范围的实际宽度,以赫兹(Hz)表示;相对带宽,即带宽与中心频率的比值,通常以百分比表示。

假设天线的工作频率范围为 $f_1 \sim f_2$,中心频率为 $f_0 \left(f_0 = \frac{f_2 + f_1}{2} \right)$,则

$$\text{绝对带宽} = f_2 - f_1$$

$$\text{相对带宽} = \frac{f_2 - f_1}{f_0}$$

天线的带宽可以通过不同的性能指标来定义，包括：输入阻抗带宽，天线的输入阻抗在一个频率范围内保持在一定范围内；增益带宽，天线的增益在一个频率范围内变化不超过一定值；方向性带宽，天线的方向性在一个频率范围内变化不超过一定值；驻波比带宽，驻波比(VSWR)在一个频率范围内小于某个比值。

天线的带宽是描述天线在多大频率范围内能够有效工作的参数。带宽可以通过多种标准定义，如输入阻抗、增益和驻波比。具体的带宽计算取决于天线类型和设计要求。了解和优化天线的带宽对于无线通信系统的设计和性能优化至关重要。

5. 前向/背向比

天线的前向/背向比(front-to-back ratio，F/B)是描述定向天线性能的一个重要参数。它表示天线在主波束方向(前向)上的辐射强度与在背向(180°方向)上的辐射强度之比。这个参数对于评估天线的定向性能和抗干扰能力尤为重要。

前向/背向比通常用分贝(dB)表示，定义为

$$\frac{F}{B} = 10\lg\left(\frac{P_{\text{forward}}}{P_{\text{backword}}}\right) \tag{2-227}$$

式中，P_{forward}是天线在前向(通常指主波束方向)上的辐射功率；P_{backward}是天线在背向(通常指与主波束方向相反的180°方向)上的辐射功率。

因此，前向/背向比实际上反映了天线在两个特定方向上辐射强度的相对差异。

前向/背向比是衡量天线定向性能的重要指标，表示天线在前向(主波束方向)和背向(相反方向)上的辐射强度之比。高的前向/背向比表明天线具有良好的定向性和抗干扰能力。了解并优化天线的前向/背向比对于提高无线通信系统的性能非常重要。

6. 轴比

天线的轴比(axial ratio，AR)是描述椭圆极化天线性能的重要参数。轴比定义为椭圆极化电场中长轴与短轴的幅度之比。它表明了电场矢量在传播方向上的椭圆轨迹的形状。圆极化和椭圆极化的轴比非常重要，因为它们直接影响接收信号的质量和抗干扰能力。

轴比(AR)定义为

$$\text{AR} = \frac{E_{\text{major}}}{E_{\text{minor}}} \tag{2-228}$$

式中，E_{major}是电场矢量椭圆轨迹的长轴幅度；E_{minor}是电场矢量椭圆轨迹的短轴幅度。

轴比通常以分贝(dB)表示：

$$\text{AR(dB)} = 20\lg\left(\frac{E_{\text{major}}}{E_{\text{minor}}}\right) \tag{2-229}$$

轴比是衡量天线极化特性的重要指标，特别是在圆极化天线设计中。一个理想的圆极化天线的轴比接近1(0dB)，这表明在所有方向上电场强度相等。偏离理想圆极化的情况会导致轴比增大，影响天线的性能和信号接收质量。

该参数同时又反映了电场矢量在传播方向上的椭圆轨迹形状。通过理解和计算轴比，可以评估和优化天线的极化性能，提高无线通信系统的信号质量。

7. 效率

天线效率是描述天线性能的一个关键参数，反映了天线将输入功率转换为辐射功率的有效程度。

1) 总效率(total efficiency，η_t)

总效率考虑了天线的匹配效率和辐射效率，定义为

$$\eta_t = \eta_r \eta_m \tag{2-230}$$

式中，η_r 是辐射效率；η_m 是匹配效率。

2) 辐射效率(radiation efficiency，η_r)

辐射效率仅考虑天线的辐射性能，定义为

$$\eta_r = \frac{P_r}{P_{\text{in}}} \tag{2-231}$$

式中，P_r 是天线辐射的功率；P_{in} 是输入功率。

3) 匹配效率(match efficiency，η_m)

匹配效率考虑了天线输入阻抗与馈线阻抗不匹配导致的反射损耗，定义为

$$\eta_m = 1 - |\Gamma|^2 \tag{2-232}$$

式中，Γ 是反射系数。

反射系数 Γ 由天线输入阻抗 Z_{in} 和馈线特性阻抗 Z_0 确定：

$$\Gamma = \frac{Z_{\text{in}} - Z_0}{Z_{\text{in}} + Z_0} \tag{2-233}$$

反射系数的平方给出了反射功率的比例，因此

$$\eta_m = 1 - |\Gamma|^2 = 1 - \left(\frac{Z_{\text{in}} - Z_0}{Z_{\text{in}} + Z_0}\right)^2 \tag{2-234}$$

将辐射效率和匹配效率结合，可以得到总效率，也即式(2-230)。

4) 损耗电阻与辐射效率

天线的辐射效率也可以通过损耗电阻和辐射电阻来计算。天线的等效电路中包含辐射电阻 R_r 和损耗电阻 R_L。辐射电阻表示天线有效辐射的功率损失，而损耗电阻表示由材料或其他损耗造成的功率损失。

辐射效率定义为

$$\eta_r = \frac{R_r}{R_r + R_L} \tag{2-235}$$

天线效率是描述天线性能的重要参数，包括总效率和辐射效率。总效率考虑了匹配损耗和辐射性能，辐射效率仅考虑天线的辐射性能。通过理解和计算天线效率，可以有效评估和优化天线设计，提高无线通信系统的性能。

8. 输入功率

天线的输入功率是指通过馈线传输到天线的电功率。它是评估天线性能和工作状态的重要参数。了解天线的输入功率对于设计和优化无线通信系统至关重要。

天线的输入功率 P_{in} 通常通过输入电压 V_{in} 和输入电流 I_{in} 来计算。输入功率的定义为

$$P_{in} = \frac{1}{2} V_{in} I_{in}^* \tag{2-236}$$

式中，I_{in}^* 是输入电流的复共轭。这个公式表明输入功率是电压和电流的复共轭乘积的 1/2。

输入功率也可以通过天线的输入阻抗 Z_{in} 来计算。天线输入阻抗是输入电压与输入电流之比：

$$Z_{in} = \frac{V_{in}}{I_{in}} \tag{2-237}$$

输入功率可以通过输入电压和输入阻抗来表示：

$$P_{in} = \frac{|V_{in}|^2}{2R_{in}} \tag{2-238}$$

实际天线系统中，由于阻抗不匹配，部分输入功率会被反射。

反射功率 P_{ref} 与输入功率 P_{in} 的关系为

$$P_{ref} = |\Gamma|^2 P_{in} \tag{2-239}$$

式中，Γ 为反射系数。

因此，实际辐射的功率 P_{rad} 为

$$P_{rad} = P_{in} - P_{ref} \tag{2-240}$$

$$P_{rad} = P_{in}(1 - |\Gamma|^2) \tag{2-241}$$

天线的输入功率是描述天线性能的重要参数，表示传输到天线的电功率。输入功率可以通过输入电压和电流计算，也可以通过输入阻抗计算。了解和优化输入功率对于提高天线的辐射效率和系统性能非常重要。

2.5.3 基本原理

1. 天线辐射原理

在分析天线时总是假定距离天线足够远处的辐射场是横向的，功率流或者坡印亭矢量沿着图 2-17 中自 O 点到达观察圆的径向距离为 R。这实际上是假设沿着该圆的半径向外推进的波发自中心处一个没有体积的虚拟发射体，即点源。在描述波源的远场时，允许忽略在实际天线附近存在的"近场"变化。因此，在足够远的观察距离下，对任何尺寸的复杂天线，都可以不加区分地只用一个简单的点源来代替。

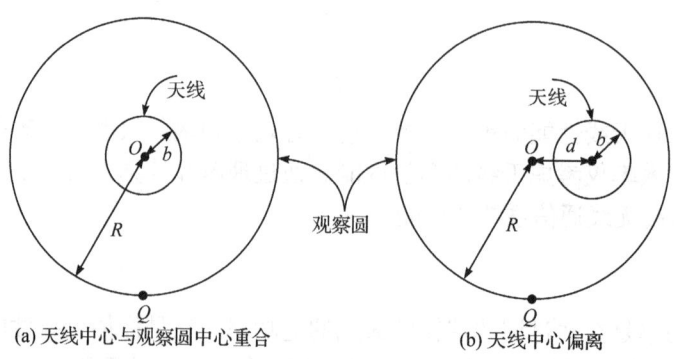

图 2-17 天线和观察圆

要绕着固定的天线在圆周上观察场的波瓣图，实际上可改成在固定的测量点处观察旋转的天线，这对小型天线来说尤其方便。

通常，天线中心与观察圆中心重合，见图 2-17(a)。如果天线中心偏离，甚至使点处在天线之外，见图 2-17(b)，则应保证 $R \gg d$，$R \gg b$，$R \gg \lambda$，才能忽略两个中心之间的距离对场波瓣图的影响。然而，相位波瓣图仍会因 d 而异，当 $d=0$ 时沿观察圆的相位差异最小，随着 d 的增加，相位差异相应变大。

天线的辐射原理是电磁波传播的基础。天线通过将传输线中的电流和电压转换为自由空间中的电磁波，实现信号的发射和接收。了解天线的辐射场分布对于设计和优化无线通信系统至关重要。

天线的辐射场可以分为三个区域：近场区，也称为感应区，紧靠天线，电磁场主要是非辐射场；过渡区，介于近场区和远场区之间，电磁场特性介于感应场和辐射场之间；远场区，也称为辐射区，电磁场主要是辐射场，波前趋于平面波。

以偶极子天线为例。假设偶极子长度 l 非常短（远小于波长 λ），电流 I 沿偶极子流动。

1) 偶极子天线的电流分布

假设偶极子天线位于 z 轴上，长度为 l，中心在原点，电流分布为

$$I(z,t) = I_0 \mathrm{e}^{\mathrm{j}\omega t} \tag{2-242}$$

2) 电磁场的矢量位函数

对于偶极子天线，e_z 位函数 $\boldsymbol{A}$ 可以表示为

$$\boldsymbol{A} = \boldsymbol{e}_z A_z = \boldsymbol{e}_z \frac{\mu_0 I_0 l}{4\pi r} \mathrm{e}^{\mathrm{j}(\omega t - \beta r)} \tag{2-243}$$

式中，μ_0 是真空磁导率；$\beta = \dfrac{2\pi}{\lambda}$ 是相位常数；r 是距离源点的距离。

3) 电场和磁场的计算

根据矢量位函数 $\boldsymbol{A}$，可以计算电场 $\boldsymbol{E}$ 和磁场 $\boldsymbol{H}$。

对于偶极子天线，标量位 $\phi = 0$，则

$$\boldsymbol{E} = -\frac{\partial \boldsymbol{A}}{\partial t} \tag{2-244}$$

代入 $\boldsymbol{A}$ 的表达式，得

$$\boldsymbol{E} = -\boldsymbol{e}_z \frac{\mu_0 I_0 l \omega}{4\pi r} \mathrm{e}^{\mathrm{j}(\omega t - \beta r)} \tag{2-245}$$

磁场为

$$\boldsymbol{H} = \frac{1}{\mu_0} \nabla \times \boldsymbol{A} \tag{2-246}$$

使用矢量位函数的表达式，得

$$\boldsymbol{H} = \frac{1}{\mu_0} \nabla \times \boldsymbol{e}_z \frac{\mu_0 I_0 l}{4\pi r} \mathrm{e}^{\mathrm{j}(\omega t - \beta r)} \tag{2-247}$$

经过计算，得到在远场区的磁场分布为

$$\boldsymbol{H} = \boldsymbol{e}_\theta \frac{\mathrm{j}\beta I_0 l}{4\pi r} \mathrm{e}^{\mathrm{j}(\omega t - \beta r)} \tag{2-248}$$

在远场区，电场和磁场主要分布在垂直于传播方向的平面内，可以简化为

$$E = e_\theta \frac{\mathrm{j}\beta\eta I_0 l}{4\pi r} \mathrm{e}^{\mathrm{j}(\omega t - \beta r)}$$
$$H = e_\phi \frac{\mathrm{j}\beta I_0 l}{4\pi r} \mathrm{e}^{\mathrm{j}(\omega t - \beta r)}$$
(2-249)

式中，$\eta = \sqrt{\dfrac{\mu_0}{\varepsilon_0}}$ 是自由空间的波阻抗。

4）辐射场的方向性

远场辐射场的强度和方向性由辐射方向图描述。对于偶极子天线，辐射方向图呈现八字形，最大辐射方向垂直于天线方向。

辐射方向图可以通过辐射强度 U 来表示：

$$U(\theta,\phi) = r^2 |E_\theta|^2 \tag{2-250}$$

对于偶极子天线，辐射强度与方向角 θ 相关：

$$U(\theta) \propto \sin^2(\theta) \tag{2-251}$$

通过理解和推导天线的辐射场，可以设计和优化天线的性能，提高无线通信系统的效率。天线的远场辐射场分布可以通过电磁场理论和矢量位函数的计算得到，对于不同类型的天线，其辐射场分布和辐射方向图各不相同。

2. 辐射模型

天线的辐射模型描述了天线如何将输入的电信号转换为电磁波，并将其辐射到空间中。理解天线的辐射模型有助于设计高效的天线系统，优化信号传播特性。

天线的辐射模型可以通过解析方法和数值方法来描述。常见的辐射模型如下。

1）基本辐射模型

偶极子是一种理想化的简单天线模型，用于描述非常短的偶极子天线。它是理解更复杂天线辐射特性的基础。

2）孔径天线模型

孔径天线，如抛物面天线和喇叭天线，通过一个物理开口将电磁波辐射到空间中。孔径天线的辐射模型可以通过几何光学和物理光学方法来描述。

抛物面天线通过抛物面反射器将入射的电磁波聚焦到焦点，并从焦点辐射出去。辐射方向性主要由抛物面的形状和尺寸决定。

喇叭天线通过逐渐扩展的导波结构将电磁波从馈源辐射到空间中。喇叭天线的辐射特性由喇叭的形状和尺寸决定。

3）阵列天线模型

阵列天线由多个单元天线组成，通过调节每个单元的幅度和相位，实现特定的辐射方向性和增益。

（1）线阵列。

线阵列天线由一排单元天线组成，通常排列在一条直线上。阵列因子的计算通过单元间距和激励相位来实现：

$$E(\theta) = \sum_{n=1}^{N} I_n e^{j(kd\sin\theta + \beta_n)} \tag{2-252}$$

式中，I_n 是第 n 个单元的电流幅度；d 是单元间距；β_n 是相位。

(2) 面阵列。

面阵列天线由多个单元天线组成，排列在一个平面上。其辐射方向性和增益可以通过二维阵列因子来计算。

$$E(\theta,\phi) = \sum_{n=1}^{N} e^{j\left[k(x_n\sin\theta\cos\phi + y_n\sin\theta\sin\phi) + \beta_n\right]} \tag{2-253}$$

式中，k 是波数；x_n、y_n 是平面第 n 个阵列单元的位置矢量的分量；β_n 是相位；θ、ϕ 是入射波方向角。

思 考 题

2.1 麦克斯韦方程组包含哪些方程？这些方程之间是否独立无关并解释其原因，同时请简要概述每个方程包含什么物理意义？

2.2 什么是电磁场的边界条件？请说出理想导体表面的边界条件。

2.3 电磁波有哪些极化方式？介绍极化方式的判断依据和条件。极化方式在工程中有哪些应用和优点？

2.4 在理想介质和导电介质中，均匀平面波的相速是否与频率有关？

2.5 趋肤深度的定义是什么？它和衰减常数有什么关系？

2.6 沿均匀波导传播的波有哪三种基本模式？描述它们的传播特性。

2.7 什么是波导的主模？矩形波导、圆柱波导、平行板波导的主模分别是什么模式？相应的截止波长各是多少？

2.8 什么是反射系数、驻波系数及行波系数？

2.9 天线可分为哪些基本类型？简要概述天线有哪些基本参数。

第3章 海面电磁波传播

本章聚焦于海面电磁波的传播特性，深入探讨了电磁波在海洋环境中的各种行为及其应用。本章首先介绍了海面电磁环境，详述了海水的电磁特性、海面粗糙度和形态以及相关的建模方法；随后，分析了海面电磁波的传播特性，包括海面反射、散射、折射和衰减特性，以及影响海面电磁波传播的多种因素；本章还探讨了大气对沿海电磁波传播的影响，讲述了大气成分与电磁波的相互作用、气候条件的影响以及海洋大气波导的作用；此外，介绍了海面电磁波传播的常用模型及其应用限制；最后讨论了在海面电磁环境下的通信与雷达应用。通过本章的学习，读者将深入了解海面电磁波传播的复杂性及其在实际应用中的重要性。

3.1 海面电磁环境

3.1.1 海水的电磁特性

海洋电磁学的研究首先需要了解海水的电磁特性，这些特性包括电导率、介电常数、磁导率等。海水的电磁特性直接影响电磁波在海洋环境中的传播特性。

1. 介电常数

在研究海面电磁散射问题时，深入理解海水的介电常数这一变量至关重要。海水的介电常数是一个复数函数，受入射波频率、海水温度和海水盐度的影响。其实部表示海水存储电磁场的能力，而虚部则表示海水对电磁波的损耗程度。因此，海水的介电常数是影响微波辐射和散射特性的关键因素。

关于海水介电常数模型的研究目前主要有 Klein 的单 Debye 模型、Stogryn 模型、Meissner 的双 Debye 模型、Ellison 模型以及基于修正的 Ellison 模型等。下面主要介绍单 Debye 模型和双 Debye 模型。

1977 年，Klein 等提出了海水介电常数的单 Debye 模型，该模型的形式为

$$\varepsilon(T,S) = \varepsilon_\infty + \frac{\varepsilon_s(T,S) - \varepsilon_\infty}{1 + [j\omega\tau(T,S)]^{1-\eta}} - i\frac{\sigma(T,S)}{\omega\varepsilon_0} \tag{3-1}$$

式中，T 是温度(℃)；S 是盐度(‰)；$\omega = 2\pi f$ 为角频率，f 的单位为赫兹(Hz)；η 是 Cole-Cole 松弛参数；$\varepsilon_s(T,S)$ 是静态介电常数；ε_∞ 是无限大频率时的介电常数；$\varepsilon_0 = 8.85\times10^{-12}$F/m 是自由空间的介电常数；$\sigma(T,S)$ 是海水的电导率；$\tau(T,S)$ 是弛豫时间。其中，参数 $\varepsilon_s(T,S)$ 和 $\sigma(T,S)$ 与海水含盐度和温度有关，并由实验测量得到。

从介电常数公式中可以看出，纯水和海水介电常数的实部均随着频率的升高而减小；而纯水介电常数的虚部先升高再减小，海水介电常数的虚部则是先减小再增大，最后又减小。

2004 年，Meissner 等针对单 Debye 模型不能适用于高频的问题，提出了双 Debye 海水介电常数模型，即

$$\varepsilon(T,S) = \varepsilon_\infty(T,S) + \frac{\varepsilon_s(T,S) - \varepsilon_i(T,S)}{1+\mathrm{i}\dfrac{f}{f_1(T,S)}} + \frac{\varepsilon_i(T,S) - \varepsilon_\infty(T,S)}{1+\mathrm{i}\dfrac{f}{f_2(T,S)}} - \mathrm{i}\frac{\sigma(T,S)}{(2\pi\varepsilon_0)f} \tag{3-2}$$

式中，$\mathrm{i}=\sqrt{-1}$；f 为辐射频率(Hz)；$\varepsilon_s(T,S)$ 为静态(零频)介电常数；$\varepsilon_i(T,S)$ 为中间频率介电常数；$\varepsilon_\infty(T,S)$ 为无穷大频率时的介电常数，它在 Klein 和 Swift 模型中为常数；$\sigma(T,S)$ 为海水的电导率(S/m)；ε_0 为自由空间的介电常数；$f_1(T,S)$、$f_2(T,S)$ 分别为一阶、二阶 Debye 松弛频率(GHz)。

2. 电导率

对于海水的电导率，其表达式为

$$\sigma(T,S) = \sigma(T,S=35) \cdot R_{15}(S) \cdot \frac{R_T(S)}{R_{15}(S)} \tag{3-3}$$

式中，

$$\sigma(T,S=35) = 2.90 + 8.60\times 10^{-2}T + 4.77\times 10^{-4}T^2 - 2.97\times 10^{-6}T^3 + 4.31\times 10^{-9}T^4 \tag{3-4}$$

$$R_{15}(S) = S \cdot \frac{37.51 + 5.45S + 1.44\times 10^{-2}S^2}{1004.75 + 182.28S + S^2} \tag{3-5}$$

$$\frac{R_T(S)}{R_{15}(S)} = 1 + \frac{a_0(T-15)}{a_1 + T} \tag{3-6}$$

$$a_0 = \frac{6.94 + 3.28S - 9.94\times 10^{-2}S^2}{84.85 + 69.02S + S^2} \tag{3-7}$$

$$a_1 = 49.84 - 0.22S + 0.19\times 10^{-2}S^2 \tag{3-8}$$

$$\varepsilon_s(T,S) = \varepsilon_s(T,S=0) \cdot \mathrm{e}^{(b_0 S + b_1 S^2 + b_2 TS)} \tag{3-9}$$

$$f_1(T,S) = f_1(T,S=0) \cdot \left[1 + S \cdot (b_3 + b_4 T + b_5 T^2)\right] \tag{3-10}$$

$$\varepsilon_1(T,S) = \varepsilon_1(T,S=0) \cdot \mathrm{e}^{(b_6 S + b_7 S^2 + b_8 TS)} \tag{3-11}$$

$$f_2(T,S) = f_2(T,S=0) \cdot \left[1 + S \cdot (b_9 + b_{10} T)\right] \tag{3-12}$$

$$\varepsilon_x(T,S) = \varepsilon_x(T,S=0) \cdot \left[1 + S \cdot (b_{11} + b_{12} T)\right] \tag{3-13}$$

式中，$b_i(i=0,\cdots,12)$ 为海水的拟合参数，如表 3-1 所示，$\varepsilon_s(T,S=0)$，$\varepsilon_1(T,S=0)$，$f_1(T,S=0)$，$\varepsilon_\infty(T,S=0)$，$f_2(T,S=0)$ 为对应于纯水的参数，其表达式如下。

表 3-1 纯水和海水拟合参数

纯水拟合参数		海水拟合参数	
i	a_i	i	b_i
0	5.7230	0	-3.56417×10^{-3}
1	2.2379×10^{-2}	1	4.74868×10^{-6}
2	-7.1237×10^{-4}	2	1.15574×10^{-5}
3	5.0478	3	2.39357×10^{-3}

续表

纯水拟合参数		海水拟合参数	
i	a_i	i	b_i
4	-7.0315×10^{-2}	4	-3.1353×10^{-5}
5	6.0059×10^{-4}	5	2.52477×10^{-7}
6	3.6143	6	-6.28908×10^{-3}
7	2.8841×10^{-2}	7	1.76032×10^{-4}
8	1.3652×10^{-1}	8	-9.22144×10^{-5}
9	1.4825×10^{-3}	9	-1.99723×10^{-2}
10	2.4166×10^{-4}	10	1.81176×10^{-4}
		11	-2.04265×10^{-3}
		12	1.57883×10^{-4}

$$\varepsilon_s(T, S=0) = \frac{3.70 \times 10^4 - 8.21 \times 10^1 T}{4.21 \times 10^2 + T} \tag{3-14}$$

$$\varepsilon_1(T, S=0) = a_0 + a_1 T + a_2 T^2 \tag{3-15}$$

$$f_1(T, S=0) = \frac{45 + T}{a_3 + a_4 T + a_5 T^2} \tag{3-16}$$

$$\varepsilon_x(T, S=0) = a_6 + a_7 T \tag{3-17}$$

$$f_2(T, S=0) = \frac{45 + T}{a_8 + a_9 T + a_{10} T^2} \tag{3-18}$$

式中，$a_i(i=0,\cdots,10)$ 为纯水的拟合参数，如表 3-1 所示。Meissner 给出的双 Debye 海水介电常数模型适用范围为盐度 0～40‰，温度–2～29℃，频率可达到 90GHz。对于纯水，温度–20～40℃，频率可达到 500GHz。随着频率的升高，单 Debye 和双 Debye 模型的差异也逐渐增大。

3.1.2 海面粗糙度

海面粗糙度通常用动力学粗糙长度 z 来表示，它定义为风速等于零的高度。海面粗糙度的测量比较困难，大面积海面粗糙度的直接测量更少，大多依靠间接推算。

由于 z_0 难以直接测定，故多采用间接法获取，主要途径如下：

(1) 从测定的 U_z (高度 z 处测量的平均风速) 和 u (摩擦风速) 算出；

(2) 从 z_0 与风浪谱的关系中求得；

(3) 从已建立的 z 或其变形与波龄 $B^* = C_p/u_0$ 的关系予以估算（C_p 为浪谱峰波速）。

在轻风情况下的空气动力学光滑海表面上，Hinze 提出：$z_0 = 0.11\gamma/u$（γ 为空气运动学的黏滞系数，u 为摩擦风速）。

海况是描述海面粗糙度的一种数值化语言。如表 3-2 所示，给出了符合国际标准的海况等级，并表征了与海面特征相对应的蒲氏风力等级、波高和风速的对应关系。

表 3-2　海况及相关参数

海况等级/级	海浪状况	风力等级/级	风速 U/(m/s)	有效波高 $h_{1/3}$/m
0	无浪	0	0~0.3	0
1	微浪	1	0.3~1.6	<0.1
2	小浪	2	1.6~3.4	0.1~0.5
3	轻浪	3~4	3.4~8.0	0.5~1.25
4	中浪	5	8.0~10.8	1.25~2.5
5	大浪	6	10.8~13.9	2.5~4.0
6	巨浪	7	13.9~17.2	4.0~6.0

海面粗糙度依赖于海气相互作用,对海洋工程、海气相互作用以及军事海洋研究具有重要意义。由于海面粗糙度的测量较为困难,在传统海洋(海浪)调查中,海面粗糙度并不是测量的主要要素。同时,由于其空间分布极不均匀,这些因素都极大地阻碍了对海面粗糙度的理解。随着卫星微波遥感技术的发展,卫星高度计和散射计等设备将海面粗糙度作为遥感海面动力特征的指标之一,这引发了人们对海面粗糙度研究的极大兴趣,并为该研究提供了新的研究方法和渠道。

3.1.3　海面形态及建模

海面环境几何模型的建立是分析其电磁散射特性的基础。在真实的海洋环境中,海浪是不断变化的,而风场是决定海浪生成与成长的关键因素。由于波与波之间存在非线性能量传输,准确描述具体的海面变得非常困难。此外,重力和海底地形也对海浪本身产生重要影响。因此,精确建模海浪形态及其变化特征是一个极其复杂的问题。为此,在实际的海浪几何模拟中,多采用基于海谱的线性理论和非线性理论的研究方法。这里重点介绍基于海谱的线性海面建模。

对于随机粗糙面而言,具体的粗糙面可以视为满足其统计规律的所有可能粗糙面中的一个样本。因此,可以利用统计方法进行粗糙面建模,即从其功率谱密度出发进行建模。对于海面,其功率谱也称为海谱,与海面高度起伏的相关函数之间存在傅里叶变换和逆变换的关系。一维功率谱包含了不同空间频率和方向的谐波分量信息,而由于风的影响,真实海面往往呈现各向异性。因此,在功率谱之外,还需考虑与风向相关的方向谱函数。二者共同构成了海面的二维海谱。然而,由于直接测量二维海谱比较困难,常用的二维海谱多采用一维能量谱与方向函数相结合的形式进行描述:

$$\omega(\boldsymbol{k}) = \frac{1}{|\boldsymbol{k}|}S(|\boldsymbol{k}|)\phi(\boldsymbol{k}) = \frac{1}{|\boldsymbol{k}|}S(|\boldsymbol{k}|)\phi(|\boldsymbol{k}|,\varphi-\varphi_{\text{wind}}) \tag{3-19}$$

式中,$\boldsymbol{k}=(k_x,k_y)$ 为海浪的空间波矢量,k_x 与 k_y 分别为其在 x、y 方向上的分量,其模值 $|\boldsymbol{k}|$ 为空间波数;φ 为波数方向角;$S(|\boldsymbol{k}|)$ 为功率谱;$\phi(|\boldsymbol{k}|,\varphi)$ 为方向函数;φ_{wind} 为风向角。事实上,不同波长的波浪具有不一样的传播速度,在传播时发生分离,这种现象称为色散现象。不同波长波浪的传播速度由色散关系决定,在忽略非线性作用条件时,波数 $k=|\boldsymbol{k}|$ 与角频率 ω 之间满足如下关系:

$$\omega^2 = gk\left(1+\frac{k^2}{k_m^2}\right)\tanh(kh) \tag{3-20}$$

式中，g 为重力加速度；$k_m = 364\text{rad/m}$ 是由表面张力、海水密度共同决定的；h 为水深。

一般地，对于深水环境，$\tanh(kh) \gg 1$，因此色散关系在深水环境下可表示为

$$\omega^2 = gk\left(1+\frac{k^2}{k_m^2}\right) \tag{3-21}$$

由于波数与角频率之间的关系，海谱有时也表示为 $\varpi(\omega,\varphi)$ 的形式，其与 $\varpi(k)$ 之间可以根据色散关系进行变换。

本章中讨论的一维功率谱采用 Elfouhaily 谱（E 谱）。E 谱并非直接通过海上风量测量得到，而是基于水池实验测量数据并通过对 JONSWAP 谱、Pierson-Moskowitz（PM）谱等波谱进行修正得到的。E 谱是全波数谱，可以表示为低频重力波（长波）谱 B_{gra} 和高频毛细波（短波）谱 B_{cap} 的叠加，重力波谱的波长从厘米量级到千米量级不等，而毛细波是受表面张力影响的，其波长在厘米量级甚至更小。E 谱表达式如下：

$$S_E(k) = \frac{1}{K^3}(B_{\text{gra}} + B_{\text{cap}}) \tag{3-22}$$

与 PM 谱和 JONSWAP 谱类似，随着风速的增加，谱峰值位置向低频方向移动。此外，随着风速的增加，谱能量范围分别向低频和高频方向扩展。尽管重力波谱和毛细波谱的能量均随风速的增大而增加，但风速对重力波谱的影响更为显著。风区的变化对重力波谱能量有显著影响，而对毛细波谱能量的影响则较小。风在海浪的生成和发展过程中扮演着重要角色。一维海浪谱仅考虑了风速的影响，因此，为了体现风向对海谱各向异性的影响，需要在能量谱的基础上引入方向分布，即方向函数，从而得到二维的海谱。类似于一维能量谱是波数和风速的函数，方向函数一般是波数和风向的函数。方向函数体现了风向对不同方向和频率波的影响。然而，由于观测和数据处理的困难，现存的方向函数较少。下面介绍 Longuet-Higgins 方向函数。Longuet-Higgins 方向函数为单边余弦形式，表达式为

$$\phi_{\text{LH}}(k,\varphi)\frac{\cos\left[(\varphi-\varphi_{\text{wind}})/2\right]^{2s}}{\int_{-\pi}^{\pi}\cos^{2s}(\varphi/2)\mathrm{d}\varphi} \tag{3-23}$$

式中

$$s = 1 - \frac{1}{\ln 2}\ln\left[\frac{1-\Delta(k)}{1+\Delta(k)}\right] \tag{3-24}$$

式中，$\Delta(k)$ 为逆侧风比例因子：

$$\Delta(k) = \tanh\left\{\frac{\ln 2}{4} + 4\left[\frac{c(k)}{c(k_p)}\right]^{2.5} + 0.13\frac{u_f}{c(k_m)}\left[\frac{c(k_m)}{c(k)}\right]^{2.5}\right\} \tag{3-25}$$

式中，$c(k)$ 是波数为 k 的海浪相速度，即海浪波形传播的速度；$c(k_p)$ 是峰值波数（海浪能量谱中能量峰值处的波数）对应的相速度；u_f 是特征风速；$c(k_m)$ 是某一特定波数 k 对应的相速度。

对于单边谱的 Longuet-Higgins 方向函数，滤除了与传播方向相反的能量贡献。从上述分析可以看出，对于一维能量谱，Elfouhaily 谱具有显著的优势。此外，单边谱方向函数的能量主要集中分布在风向及其邻近方向，从而更适用于模拟具有确定海浪方向的海面。因此本

书中所用的二维海谱是由 Elfouhaily 谱和 Longuet-Higgins 方向函数得到的,简称二维 ELH (two dimensional Elfouhaily and Longuet-Higgins,2D-ELH)谱。

在海谱基础上便可根据线性滤波方法进行海面几何仿真。线性滤波方法的基本思想是在频域通过海谱对高斯白噪声进行线性滤波,从而得到满足谱特性的海面起伏,在某时刻 t,海面上位置(x, y)处的波高可写为

$$h(x,y,t) = \text{IFFT}[A(\boldsymbol{k},t)] \tag{3-26}$$

$$A(\boldsymbol{k},t) = \left[\chi(\boldsymbol{k})\sqrt{\varpi(\boldsymbol{k})\delta k_x \delta k_y / 2}\exp(\mathrm{j}\omega t) + \chi^*(-\boldsymbol{k})\sqrt{\varpi(-\boldsymbol{k})\delta k_x \delta k_y / 2}\exp(\mathrm{j}\omega t)\right] \tag{3-27}$$

式中,IFFT 为二维傅里叶逆变换;$\chi(\boldsymbol{k})$为均值为 0、方差为 1 的复高斯随机数。由于此方法仅需要对$A(\boldsymbol{k},t)$填充之后进行傅里叶逆变换操作,因此具有很高的计算效率。

3.2 海面电磁波的传播特性

海面电磁波的传播特性

3.2.1 海面反射

对于海面上的电磁波反射特性,主要使用海面的反射系数来表征。海面反射系数与电磁波的掠入射角、海浪大小和海面电磁参数等因素有关。根据海浪情况,海面可以分为光滑海面和粗糙海面。光滑海面主要进行镜面反射,而粗糙海面除了镜面反射外,还有散射分量,这会减小电磁波在镜面反射方向的能量。接下来主要研究光滑海面的反射特性,首先研究海面的电磁特性,为反射特性的研究奠定基础。

海面的电磁特性影响海面对电磁波的反射强度,受海水温度、盐度和电磁波频率等多种因素的影响。表征海面电磁特性的参数是海面复介电常数,它由海水相对介电常数 ε_r、海水电导率 σ 和电磁波波长 λ 构成,表达式为

$$\tilde{\varepsilon} = \varepsilon_r + \mathrm{i}60\lambda\sigma \tag{3-28}$$

对于 ε_r 和 σ,在实际应用中可根据 CCIR 给出的多项式拟合函数计算。海水相对介电常数 ε_r 的表达式为

$$\varepsilon_r = \begin{cases} 70, & f \leq 2253.58 \\ \dfrac{1}{a + bf + cf^2 + df^3 + ef^4}, & f > 2253.58 \end{cases} \tag{3-29}$$

式中,$a \sim e$ 为拟合数据;f 为电磁波频率,单位为 MHz。

利用前面的拟合函数可计算出海水相对介电常数 ε_r 在各电磁波频率处对应的值。随着频率的增加,介电常数逐渐减小。

电导率可以通过 3.1 节所提出的公式以类似的方式拟合出来,并得到电导率随频率的变化关系。随着频率的增加,σ 逐渐增加,并且 σ 对频率的变化范围比 ε_r 小,因此 σ 与 ε_r 相比,ε_r 对频率更敏感。

根据平面波斜射到理想介质分界面上的反射定律,可得在光滑海面上的水平极化波和垂直极化波的菲涅尔反射系数公式为

$$R_H = \frac{\sin\theta - \sqrt{\tilde{\varepsilon} - \cos^2\theta}}{\sin\theta + \sqrt{\tilde{\varepsilon} - \cos^2\theta}} \tag{3-30}$$

$$R_V = \frac{\tilde{\varepsilon}\sin\theta - \sqrt{\tilde{\varepsilon} - \cos^2\theta}}{\tilde{\varepsilon}\sin\theta + \sqrt{\tilde{\varepsilon} - \cos^2\theta}} \tag{3-31}$$

式中，θ 为掠入射角。将复介电常数公式代入式(3-30)和式(3-31)可求得水平极化波和垂直极化波的反射系数。按照这种计算方法可对两种极化方式的反射系数进行仿真计算和分析。

对于水平极化波，随着掠入射角的增加，反射系数的幅度逐渐减小，但变化比较小；当频率变化时，反射系数的幅度变化也比较小。随着掠入射角的增加，反射系数的相位角逐渐增加，但变化很小；当频率变化时，反射系数的相位角变化也很小。因此对于光滑海面，掠入射角为 0°时，可认为反射系数的幅度为 1，相位角为 180°。

对于垂直极化波，随着掠入射角的增加，反射系数的幅度先迅速减小后逐渐增加到接近 1，变化很大；当频率变化时，反射系数的幅度变化比较小。随着掠入射角的增加，反射系数的相位角迅速减小到接近 0°，变化很大；当频率变化时，反射系数的相位角变化比较小。因此对于光滑海面，掠入射角为 0°时，反射系数的幅度和相位角变化很大。

3.2.2 海面散射

当电磁波射入水中时，会与水体中的物质发生相互作用，引起弹性散射和非弹性散射。弹性散射波不会发生频率变化，但其散射特性与水体的性质以及水中悬浮颗粒的大小、密度等有关。在海水中，引起弹性散射的主要散射元素包括水分子、浮游植物和非色素悬浮粒子。散射的强度不仅与散射元素的尺度和密度有关，还与入射波的波长相关。

海水中引起光散射的因素多种多样，主要包括水分子及各种粒子，如悬浮物质粒子、浮游植物和可溶有机物粒子等。散射的基本机制主要分为两种：瑞利散射和米氏散射。水分子的散射遵循瑞利散射规律，而粒子的散射则遵循米氏散射规律。在清澈的大洋水中，主要表现为水分子的散射；而在沿岸混浊水中，则主要由大粒子引起散射。当一束光射入海水后，其散射后的能量将广泛分布在各个角度，因此散射光的强度会随着散射角度的变化而变化。这种变化用海水体积散射函数 $\beta(\theta)$ 来表示。$\beta(\theta)$ 定义为在 θ 方向，单位散射体积、单位立体角内散射辐射强度与入射在散射体积上的辐照度之比，可表示为

$$\beta(\theta) = \frac{dI(\theta)}{Edv} = \frac{d\varphi/d\omega}{Edv} \tag{3-32}$$

式中，$dI(\theta)$ 为 θ 方向的散射强度；dv 为散射体积元。如图 3-1 所示，海水体积散射函数 $\beta(\theta)$ 对空间 4π 立体角内的积分，即各散射方向散射的总和，就是海水体积散射系数，可表示为

$$b = 2\pi \int_0^\pi \beta(\theta)\sin\theta d\theta \tag{3-33}$$

前向散射系数 b_f，表征在前向 $0 < \theta < \pi/2$ 立体角内散射的总和，可表示为

$$b_f = 2\pi \int_0^{\pi/2} \beta(\theta)\sin\theta d\theta \tag{3-34}$$

后向散射系数 b_b，表征在后向 $\pi/2 < \theta < \pi$ 立体角内散射的总和，可表示为

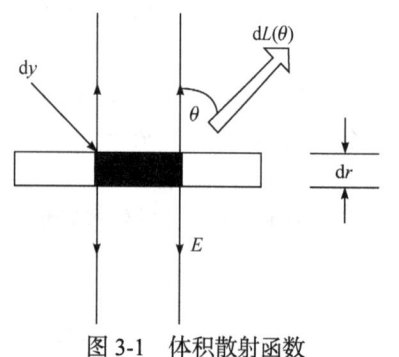

图 3-1 体积散射函数

$$b_b = 2\pi \int_{\pi/2}^{\pi} \beta(\theta)\sin\theta \mathrm{d}\theta \tag{3-35}$$

由式(3-33)可预见，海水的散射主要集中在前向散射，一般占总散射的90%以上，后向散射只占小部分，通常小于10%。另外，沿光线前进方向（$\theta = 0°$）的散射最强，而垂直方向（$\theta = 90°$）最弱；与光前进相反方向的散射强度比$\theta = 0°$附近的散射强度小3或4个量级。

3.2.3 海面折射

入射到海水表面的光，一部分被反射回空气中，另一部分折射到海中。光在海面的反射和折射遵从光的反射定律和折射定律。垂直偏振光的反射系数$\rho_\perp$和平行偏振光的反射系数$\rho_{//}$随入射角的变化而不同，它们遵从菲涅尔公式。

$$\rho_\perp = \frac{\sin^2(\theta_a - \theta_w)}{\sin^2(\theta_a + \theta_w)} \tag{3-36}$$

$$\rho_{//} = \frac{\tan^2(\theta_a - \theta_w)}{\tan^2(\theta_a + \theta_w)} \tag{3-37}$$

式中，θ_a为海面上的入射角；θ_w为相应的折射角。当$\theta_a + \theta_w = 90°$时，$\rho_{//} = 0$，此时$\theta_a = 53.3°$，称为布儒斯特角。当漫射光投射于海面时，海面总反射系数为对各个方向反射系数的积分，为5.2%~6.6%。入射角和反射角之间的关系为

$$n_a \sin\theta_a = n_w \sin\theta_w \tag{3-38}$$

式中，n_a、n_w分别为空气和海水的折射率。海水的折射率n_w近似1.34。它随海水盐度、温度变化略有变化（表3-3）。光通过平静的海面进入水体后，被压缩成48.3°的锥形光束。

表3-3 海水折射率随温度和盐度的变化（波长$\lambda = 0.5893\mu m$）

盐度 S/‰	温度 t/℃			
	0	10	20	30
0	1.33400	1.33369	1.33298	1.33194
5	1.33498	1.33463	1.33390	1.33284
10	1.33597	1.33557	1.33482	1.33374
15	1.33595	1.33652	1.33573	1.33464
20	1.33793	1.33746	1.33665	1.33554
25	1.33892	1.33840	1.33757	1.33644
30	1.33990	1.33934	1.33849	1.33734
35	1.34088	1.34028	1.33940	1.33824
40	1.34186	1.34123	1.34032	1.33914

3.2.4 衰减特性

电磁波在海面传播过程中会发生衰减，即电磁波的能量逐渐减弱。衰减的原因包括海水吸收、海洋表面散射以及路径损耗等因素。

1. 海水吸收

海水的吸收表现为入射到海水中的部分电磁能量转化为其他形式的能量，如热动能、化

学势能等，所以海水的吸收表现为衰减机制。

对于从海表面透入海水中的平面电磁波，电磁场的幅度是以指数规律衰减的。电磁波相位变化 2π 传播的距离，称为波长 λ。电磁场在海水中的波长与它的电参数有关，并可按以下公式算出：

$$\lambda = 2\pi\sqrt{\frac{2}{\omega\mu\sigma}} \tag{3-39}$$

式中，$\mu = \mu_0 = 4\pi \times 10^{-7}\,\text{H/m}$。

电磁波对于介质有一定的穿透能力，一般用趋肤深度 δ 的概念表示穿透深度，它表示电场或者磁场幅度衰减到原值的 $1/\text{e}(36.8\%)$ 的距离，一定程度上表征了该频率电磁波在海水中的传播能力：

$$\delta = \frac{1}{\sqrt{\pi\mu f\sigma}} = \frac{1}{2\pi}\sqrt{\frac{\lambda}{30\sigma}} \tag{3-40}$$

式中，f 为频率；λ 为波长。

表 3-4 中列出了一定电导率条件下不同频率的电磁波在海水中的波长、波速和趋肤深度。

表 3-4 海水中电磁场的传播参数（海水电导率为 3.7S/m）

频率/Hz	波长/m	波速/(m·s^{-1})	趋肤深度/m
0.1	5199	519.8	827
0.5	2325	1162.5	370
1	1644	1644	261.7
5	735.2	3676.1	117.0
10	519.9	5198.8	82.7
50	232.5	11625	37.0
100	164.4	16440	26.2
200	116.3	23250	18.5
500	73.5	36761	11.7
1000	52.0	51988	8.3

从表 3-4 中可以看出，频率为 1Hz 时，电磁场在海水中的传播速度大约为 1600m/s，与水中声速接近。随着频率的增加，传播速度逐渐增大。频率扩大 2 个数量级，波长缩小至原来的 1/10，而波速增加到原来的 10 倍。在平面假设下，海洋中电磁场传播距离等于波长时，衰减会大于 500 倍。同时从表中可以看出，衰减较弱的低频电磁场可以在海水中传播 300m 甚至更远的距离。正是由于低频电磁场衰减弱，对海水的穿透力强，海洋电磁场研究才把 TLF（至低频）、ELF（极低频）这两个频段的电磁波作为研究重点。

2. 海洋表面散射

海洋表面散射是电磁波衰减的另一个重要原因。散射系数（K_s）描述了电磁波在海洋表面由不规则波浪和粗糙度引起的能量分散。散射系数可以表示为

$$K_s = \sigma_s N \tag{3-41}$$

式中，σ_s 是散射截面；N 是单位体积内散射体的数量。

海洋表面的波浪和粗糙度是影响散射系数的关键因素。海面越粗糙，散射越强烈，导致更大的衰减。举一个简单的例子，风速增加会引起海面波浪高度增加，导致表面粗糙度增大，从而提高散射系数。风速为 10m/s 时的波高约为 1.5m，对应的散射系数较低；而风速增至 20m/s 时，波高增至 3m，散射系数显著增加。

3. 路径损失

路径损失是指电磁波在自由空间中传播时，几何扩展和传播环境的影响导致信号强度减弱的现象。路径损失（L_p）是电磁波传播过程中一个重要的参数，它描述了从发射点到接收点之间的能量衰减量。路径损失可以用自由空间路径损失公式表示：

$$L_p(\mathrm{dB}) = 20\log_{10}\left(\frac{4\pi d}{\lambda}\right) \tag{3-42}$$

式中，L_p(dB) 是路径损失，以分贝 (dB) 为单位；d 是传播距离，以米 (m) 为单位；λ 是电磁波波长，以米 (m) 为单位。

式 (3-42) 表明，路径损失与传播距离和电磁波波长成正比。随着传播距离增加，路径损失显著增加，信号强度显著减弱。并且，电磁波频率对路径损失有重要影响。高频电磁波的波长较短，因此在相同传播距离下，路径损失较大。路径损失与频率（f）和传播距离（d）的关系可以表示为

$$L_p(f,d) = 20\log_{10}\left(\frac{4\pi df}{c}\right) \tag{3-43}$$

式中，f 是电磁波频率，以赫兹 (Hz) 为单位；c 是光速，约为 3×10^8 m/s。

3.2.5 海面电磁波传播的影响因素

1. 波浪高度与风速

波浪高度会影响海面的粗糙度，从而影响电磁波的散射和反射特性。较高的波浪会导致更多的漫反射和散射损失。

风速直接影响海面的波浪高度和形态，从而改变电磁波的传播路径和散射特性。高风速通常伴随着高波浪，这会增加电磁波的路径损耗。

不同波浪的波高与风力级别代表了不同的海况级别，表 3-5 给出了海浪波高及风力与海况的关系。

表 3-5 海浪波高及风力与海况的关系

海况	波高/m	风力/级
1	0~0.1	1
2	0.1~0.5	2
3	0.5~1.25	3~4
4	1.25~2.5	5
5	2.5~4.0	6

不同海况下海洋环境水下电场也有所不同，高海况下海洋环境水下电场在 0.1GHz 以下频段的能量整体上要大于低海况，而在 0.029GHz 和 0.054GHz 频点附近处存在明显的谱峰，而低海况水下电场谱峰呈现高频移动的特征，幅值要小于高海况。

2. 盐度与温度

海水的盐度对其电导率和介电常数有显著影响，进而影响电磁波的传播速度和衰减特性。高盐度的海水具有较强的导电性，导致电磁波在其中的衰减速率更快。温度也会影响海水的折射率和吸收系数。较高的温度会增加海水的吸收能力，从而加快电磁波的衰减速率。

在实际应用中，盐度和温度对海水电导率的影响尤为重要。海水电导率的定义类似于固体电导率，但影响海水电导率的因素更加复杂，包括温度、盐度以及水中悬浮物的比例等。海水电导率的值通常在 1~5S/m 范围内变化。盐度对电导率的影响极大，纯水的电导率很低，大约在 10^{-5}S/m 的数量级上，而将食盐溶解在纯水中可以显著增加其电导率，5%浓度的溶液的电导率约为 6.45S/m。

众所周知，不同区域中，海水的盐度不同。接近陆地的海水盐度为 0.9%~2.8%（由于有河水汇入而盐度变小），在太平洋和大西洋，盐度为 3.4%~3.8%。大洋中盐的主要成分及相对占比见表 3-6。

表 3-6 大洋中盐的主要成分及相对占比

主要成分	相对占比/%
NaCl	77.8
$MgCl_2$	10.9
$MgSO_4$	4.7
$CaSO_4$	3.6
K_2SO_4	2.5
$CaCO_3$	0.3
$MgBr_2$	0.2

从表 3-6 给出的数据可以知道，海水中盐的主要成分是氯化物，还有部分镁、钙、钾硫酸盐。海水中氯离子的成分占 55%。对于不同的海区来说，氢离子的浓度是相对恒定的，pH 变化范围为 7.2~8.6。由于海水和大气层大面积接触并且充分混合，所以海水被认为是氧气饱和的。

海水中很容易分解出氯离子，盐的浓度很大，其电导率也很高。大洋或海水的电导率可以看成是盐度和温度的单值函数。Accerboni 和 Mosettic 于 1967 年总结出海水电导率的半经验公式：

$$\sigma = \left(A + B\frac{T^{1+k}}{1+T^k}\right)\frac{S}{1+S^h}e^{-\varepsilon S}e^{-\zeta(S-S_0)(T-T_0)} \tag{3-44}$$

式中，$A = 0.2193$；$B = 0.012842$；$k = 0.032$；$h = 0.1243$；$\varepsilon = 0.00978$；$T_0 = 20$；$\zeta = 0.000165$；$S_0 = 0.035$。

图 3-2 绘出了随着海水盐度的变化而变化的电导率值。横坐标是海水的盐度，纵坐标是电导率。列出的关系曲线分别为海水温度在 0℃、4℃、8℃、12℃、16℃、20℃和 24℃时的七个值。

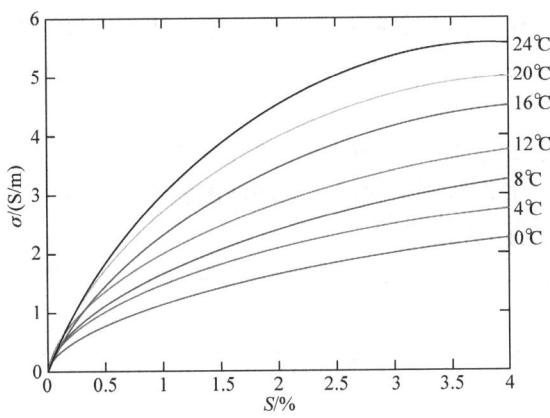

图 3-2 不同温度和盐度下的海水电导率

从给出的曲线图可以看出，当温度从 0~24℃、盐度从 0.6%~4%变化时，海水电导率的变化为 0.6~6S/m。可见海水电导率远远超过构成地球坚硬外壳的岩石电导率。正常温度下海床的电导率不超过 0.1S/m，石灰岩电导率的变化范围为 10^{-3}~10^{-2}S/m，火山岩的电导率甚至更小。

3. 海浪效应

海浪的存在会使得海洋表面形成波动，这会导致电磁波在海洋表面的反射和折射发生变化，从而影响电磁波的传输路线和传输损耗。

海浪作为海洋表面的一种动态现象，会对电磁波的传播产生显著影响。电磁波在传播过程中，遇到海浪等不平整的海面时，会发生反射、折射、散射和衍射等现象，从而影响电磁波的传播路径、信号强度和传播特性。下面将详细介绍海浪效应对电磁波传播的影响。

1）反射和折射

当电磁波传播至海浪表面时，海浪的起伏导致电磁波发生反射和折射。这些反射和折射情况具体取决于海浪的形态和电磁波的入射角度。海浪表面高度和角度不断变化，电磁波的反射和折射路径也随之变化，从而导致接收信号的不稳定性和多径效应。

多径效应使得接收信号中包含多个不同路径的信号分量，这些信号分量在接收端叠加，可能导致信号增强或衰减，进而影响信号的传输质量。

2）散射

海浪表面的粗糙度会引起电磁波的散射。散射可以分为体散射和表面散射两种。

(1) 体散射主要发生在电磁波穿透海浪内部时，海水内部的不均匀性引起的散射。

(2) 表面散射主要发生在电磁波遇到海浪表面时，海浪表面的起伏不平整而引起的散射。

散射效应会导致接收信号强度的波动和相位的随机变化，增加信号的噪声和误码率。

3）衍射

海浪的存在也会导致电磁波发生衍射。衍射是指电磁波遇到障碍物后发生偏折的现象。海浪的高度和波长决定了衍射的强度和范围。

(1) 电磁波的衍射角度与海浪的高度和电磁波的波长有关。较高的海浪和较短的电磁波波长会导致较大的衍射角度。

(2) 衍射效应会影响电磁波的传播路径，使得电磁波能够绕过海浪传播到遮蔽区域，但同时也会导致信号的能量分散和强度减弱。

4) 相干效应

海浪的动态特性会引起电磁波传播的相干效应变化。相干效应是指电磁波在传播过程中保持相位关系的能力。当海浪频繁变化时，电磁波的相干性会受到影响，导致信号的相位和幅度不稳定，影响通信和探测的精度。

(1) 信号保持相干性的时间尺度。海浪的频率和振幅变化会影响相干时间，使得电磁波的相干性降低。

(2) 信号保持相干性的空间尺度。海浪的空间分布变化会影响相干长度，使得电磁波的传播路径变得复杂。

5) 海浪效应的影响

海浪效应对电磁波传播的影响受到多个因素的影响，包括海浪的高度、频率、波长、方向以及电磁波的频率和极化状态等。

(1) 较高的海浪会导致更强的反射、折射、散射和衍射效应，从而更显著地影响电磁波传播。

(2) 较低频率的电磁波受海浪影响较小，而较高频率的电磁波由于波长较短，更容易受到海浪表面粗糙度的影响。

(3) 垂直极化和水平极化的电磁波在遇到海浪时的传播特性有所不同。通常，垂直极化的电磁波在海面传播时衰减较小，而水平极化的电磁波衰减较大。

海浪效应对电磁波传播的影响是复杂且多样的。这些效应不仅影响电磁波的传播路径，还会导致信号的衰减、散射和相位变化。为了在海洋通信、雷达探测和海洋环境监测等应用中提高系统的稳定性和可靠性，这些影响必须得到充分考虑和补偿。

在海洋通信中，海浪的起伏会使信号路径变得不稳定，导致多径效应和信号干扰，进而影响通信质量。在雷达探测中，海浪的反射和散射效应会影响目标的识别和定位精度。而在海洋环境监测中，电磁波的衰减和散射可能会影响数据的准确性和可靠性。

3.3 大气对沿海面电磁波传播的影响

电磁波在沿海面的传播受多种因素影响，其中大气成分和气候条件起着至关重要的作用。此外，海洋大气波导现象也显著影响电磁波的传播特性。本节将详细探讨大气成分与电磁波的相互作用、气候条件对电磁波传播的影响以及海洋大气波导的特性及其对电磁波传播的影响。

3.3.1 大气成分与电磁波的相互作用

大气成分对电磁波传播的影响主要体现在对电磁波的吸收和散射上。大气中的主要成分包括氮气(N_2)、氧气(O_2)、水蒸气(H_2O)以及各种气溶胶和悬浮颗粒。这些成分对电磁波的传播产生不同程度的影响。

1. 吸收效应

大气中的气体分子，如氧气和水蒸气，对不同频率的电磁波有不同的吸收特性。特别是

在微波和毫米波频段，水蒸气和氧气的吸收较为显著。根据 Beer-Lambert 定律，电磁波在大气中的吸收可以表示为

$$I_t = I_0 e^{-\alpha z} \tag{3-45}$$

式中，I_t 是穿过大气层后的电磁波强度；I_0 是初始强度；α 是吸收系数；z 是传播距离。吸收系数 α 取决于大气成分和电磁波的频率。

2. 散射效应

大气中的悬浮颗粒和气溶胶对电磁波的散射也会影响其传播。散射主要有两种形式：瑞利散射和米氏散射。瑞利散射发生在粒子尺寸远小于波长的情况下，其散射强度与波长的四次方成反比。米氏散射发生在粒子尺寸与波长相当的情况下，其散射特性较为复杂，依赖于粒子形状和折射率。散射效应会导致电磁波传播路径的弯曲和能量的分散，从而影响信号的强度和清晰度。

3.3.2 气候条件影响

气候条件对电磁波的传播有显著影响，主要表现在以下几个方面：温度、湿度、大气压和降水等。这些气候因素会直接影响大气的折射率、吸收和散射特性，从而影响电磁波的传播路径和强度。

1. 温度和湿度

温度对大气折射率有显著影响。通常情况下，当温度升高时，大气的折射率会降低。这是因为温度升高会使空气分子之间的间距增大，从而减小空气的密度。空气密度的降低会减轻大气对电磁波的折射作用，使得电磁波的传播路径更加接近直线。这种效应在高温天气和热带地区尤为明显，电磁波在这些环境中传播时路径相对较为平直。相反，当温度降低时，空气分子更加紧密，空气密度增加，大气折射率随之升高。这会导致电磁波在传播过程中发生较大的弯曲和折射，路径变得更加曲折。寒冷天气和高纬度地区，这种效应尤为显著，电磁波在这些环境中传播时容易受到折射的影响，路径出现明显的弯曲。

湿度对大气折射率的影响也非常重要。湿度高时，大气中含有更多的水汽分子，这些分子会增加空气的密度，从而提高大气折射率。高湿度环境中，电磁波传播路径会更加弯曲，信号折射现象更加明显。在热带和沿海地区，由于湿度通常较高，电磁波传播路径往往更加复杂，信号的传输效果可能受到影响。相反，在低湿度条件下，大气中的水汽分子较少，空气密度相对较低，折射率也较低。这会使得电磁波的传播路径更接近直线，信号折射现象减弱。干燥的沙漠地区和高山环境，电磁波传播路径相对简单，信号传输效果相对较好。

2. 大气压

大气压的变化对电磁波的传播有显著影响。较高的大气压导致空气密度增加，增强了对电磁波的吸收和散射效应。高压系统通常带来晴朗的天气和较少的气溶胶与悬浮颗粒，有利于电磁波的清晰传播。在高压环境下，电磁波的折射率较低，传播路径比较接近直线，信号质量较好。

相反，低压系统往往伴随着云层和降水，这会增加大气中的水汽含量和气溶胶浓度，从

而增强电磁波的吸收和散射效应。在低压环境下,电磁波的折射率较高,传播路径可能会显著弯曲并出现多路径传播效应,导致信号的衰减和干扰增加。

3. 降水

降水对电磁波的影响主要体现在雨滴对电磁波的吸收和散射上。降水包括雨、雪、雾、霾等形式,它们都会对电磁波产生不同程度的影响。雨滴的尺寸和降水强度对传播的影响尤为显著,特别是在微波和毫米波频段。降雨率越大,雨滴尺寸越大,对电磁波的吸收和散射效应越强。

雨水导致的电磁波衰减的计算通常基于 ITU-R 模型:

$$A = kR^\alpha \tag{3-46}$$

式中,A 是衰减系数(dB/km);R 是降雨率(mm/h);k 和 α 是频率相关的系数。降水强度越大,衰减系数 A 越高,电磁波信号衰减越显著。

降雪和雾霾对电磁波的影响机制与降雨类似,但由于雪花和雾滴的尺寸和密度不同,其衰减特性有所不同。雪花通常较大,但密度较小,对电磁波的散射较强;雾霾则由大量微小水滴或固体颗粒组成,对电磁波的散射和吸收较为复杂。

4. 大气层结构的影响

除了上述气候因素,大气层结构的变化也对电磁波传播产生影响。大气层通常分为对流层、平流层、中间层和热层。在对流层,由于温度和湿度变化剧烈,电磁波传播路径容易发生弯曲和多径效应。在平流层,气象条件较为稳定,电磁波传播相对较接近直线,但高层大气的折射效应仍不可忽视。

温度梯度和湿度梯度在大气层中的分布变化会导致大气层中折射率的不均匀性,从而影响电磁波的传播。例如,在海洋和陆地交界处,由于海洋和陆地的温度差异容易形成温度反转层(即上层空气温度高于下层空气温度),这种反转层会形成一种波导结构,使得电磁波在该结构内传播。

5. 季节性气候变化

季节性气候变化也会影响电磁波的传播。在夏季,由于温度较高,水汽含量增加,大气折射率较高,电磁波传播路径容易发生弯曲。在冬季,由于温度较低,水汽含量减少,大气折射率较低,电磁波传播相对较接近直线。此外,冬季大气层较稳定,电磁波传播干扰较少。

综上所述,气候条件对电磁波传播的影响是多方面的。在实际应用中,必须综合考虑温度、湿度、大气压和降水等气候因素,才能准确预测和优化电磁波的传播特性。了解这些影响因素,对于设计高效的沿海电磁通信系统具有重要意义。

3.3.3 海洋大气波导

海洋大气波导是指在海洋和大气两种介质之间形成的一种特殊波导结构,使得电磁波或声波可以沿着这个界面传播。这种波导现象在一定的气象条件下(如温度反转层或湿度梯度)更加明显。海洋大气波导的存在使得电磁波和声波的传播特性与自由空间中有所不同。理解海洋大气波导的特点及其对电磁波传播的影响,对于优化海洋通信和雷达系统具有重要意义。

海洋大气波导主要有以下几个特点。

1. 多路径传播

由于海洋表面的波浪和大气中的折射、反射等因素，电磁波或声波可以沿着多条路径传播，从而形成多路径传播效应。

多路径传播是指信号通过多条路径到达接收端的现象。在海洋大气波导中，信号可以通过直接路径、反射路径和折射路径等多种方式传播。这些路径的长度和特性不同，会导致接收到的信号在时间和相位上不同步。多路径传播通常可以通过射线追踪或波动理论来描述。

多路径传播会导致信号的干扰和衰减。在接收端，不同路径的信号叠加在一起，可能产生相长干涉或相消干涉，导致接收信号的强度和质量发生波动。这种现象在海洋环境中尤为显著，因为海洋表面的不规则波浪和大气条件的变化会不断改变传播路径。为了减小多路径传播的负面影响，可以采用天线分集、信号处理等技术来提高信号的接收质量。

2. 路径衰减小

海洋大气波导对电磁波或声波的衰减相对较小，相比于直接在大气中传播，通过海洋大气波导传播的信号能够更远地传输。

在自由空间中，电磁波的传播会受到多种因素的影响，如吸收、散射和自由空间损耗等。海洋大气波导通过限制能量的扩散，减少了这些衰减机制的影响。特别是在较低频段，波导结构能够有效地束缚电磁波，使其沿着波导传播，从而减少能量损失。

海洋大气波导的形成通常与温度反转层和湿度梯度有关。当大气中的温度或湿度出现显著变化时，形成的折射率梯度会在海洋表面和大气界面之间形成波导结构。这种结构能够引导电磁波或声波在波导内传播，降低信号的衰减。在实际应用中，可以通过监测气象条件来预测波导的形成，从而优化通信和雷达系统的性能。

海洋和大气两种介质具有不同的折射率，因此电磁波或声波在海洋大气波导中传播时，其传播速度会发生变化。

电磁波的传播速度与介质的折射率 n 相关：

$$v = \frac{c}{n} \tag{3-47}$$

式中，v 是电磁波在介质中的传播速度；c 是真空中的光速。海洋和大气的折射率不同，导致电磁波在波导内的传播速度发生变化。通常，海洋表面的折射率较大，而大气的折射率相对较小，这种差异形成了波导结构。

传播速度的变化会影响电磁波的相位和频率特性。特别是在通信和雷达系统中，传播速度的不均匀性可能导致信号的时延和频移。为了准确预测和补偿这些影响，需要对波导内的折射率分布进行详细分析，利用折射率模型和实测数据，建立准确的传播模型。

海洋大气波导对不同频率的电磁波或声波有不同的传播特性。低频电磁波和声波更容易在海洋大气波导中传播，而高频电磁波则很难在海洋大气波导中传播。

波导结构对不同频率的电磁波有选择性。低频电磁波的波长较长，能够较好地适应波导的几何结构，沿波导传播时衰减较小。而高频电磁波的波长较短，容易受到波导内界面不规则性和散射效应的影响，传播过程中衰减较大。

在实际应用中，选择适当的频率对于优化电磁波传播至关重要。通信系统通常选择低频段以充分利用波导效应，实现远距离通信。而雷达系统则需要根据目标特性和探测距离选择合适的频段，平衡分辨率和传播距离。

海洋大气波导在通信、雷达、声呐等领域具有重要的应用价值。通过利用海洋大气波导的传播特性，可以实现远距离通信和目标探测等功能。

1) 远距离通信

利用海洋大气波导的低衰减特性，可以设计高效的远距离通信系统，特别是在海上和沿海地区，波导效应可以显著提高通信信号的覆盖范围和稳定性。在实际应用中，可以结合波导效应与现代信号处理技术，如相位调制和频率调制，进一步提高通信系统的性能。

2) 雷达和声呐探测

在雷达和声呐系统中，海洋大气波导的多路径传播特性可以用于目标探测和定位。通过分析多路径信号，可以获得目标的距离、速度和方向等信息。此外，波导效应能够增强雷达和声呐信号的穿透能力，提高探测深度和分辨率。

3) 环境监测

海洋大气波导还可用于环境监测和气象预报。通过监测电磁波或声波在波导中的传播特性，可以获取海洋和大气的温度、湿度和风速等参数，进而提高气象预报的准确性和实时性。

本节详细探讨了海洋大气波导的特点及其对电磁波传播的影响。理解海洋大气波导的多路径传播、低衰减、速度变化和频率特性，有助于优化海洋通信和雷达系统的设计与应用。海洋大气波导在远距离通信、目标探测和环境监测等领域具有广泛的应用前景，通过充分利用其传播特性，可以显著提高系统性能和可靠性。

海面电磁波传播模型

3.4 海面电磁波传播模型

3.4.1 常用模型介绍

海面电磁波传播模型是指利用数学方法和物理理论描述电磁波在海洋表面传播过程的模型。由于海洋环境的复杂性，这些模型需要考虑多种因素，包括海面形态、电磁波的频率、传播路径的环境条件等。常用的海面电磁波传播模型主要包括 Kirchhoff 近似模型、物理光学模型、微波辐射模型等。这些模型在海洋电磁波通信、海洋雷达探测、海洋气象预报和海洋导航等方面有着广泛的应用，同时也存在一定的限制。

1. Kirchhoff 近似模型

Kirchhoff 近似模型是一种基于物理光学原理的近似方法，用于描述电磁波在粗糙表面的散射和反射。该模型假设海面是一个随机粗糙表面，可以用随机过程描述其高度分布。

Kirchhoff 近似模型基于亥姆霍兹方程，通过对表面电磁场进行积分得到散射场。对于粗糙表面，散射场可以表示为

$$\boldsymbol{E}_s = \int_S \left(\frac{\partial \boldsymbol{E}_i}{\partial \boldsymbol{n}} \boldsymbol{G} - \boldsymbol{E}_i \frac{\partial \boldsymbol{G}}{\partial \boldsymbol{n}} \right) \mathrm{d}S \tag{3-48}$$

式中，$\boldsymbol{E}_s$ 是散射场；$\boldsymbol{E}_i$ 是入射场；$\boldsymbol{G}$ 是格林函数；$\boldsymbol{n}$ 是表面法向量；S 是积分表面。

Kirchhoff 近似模型广泛应用于海洋电磁波传播的研究，特别是在分析电磁波在海面上的反射和散射特性时，该模型适用于相对平滑的海面和高频电磁波的传播。

2. 物理光学模型

物理光学模型是另一种描述电磁波在粗糙表面上传播的近似方法，主要用于高频电磁波的散射分析。该模型假设海面可以被分解为许多小的平面反射面，通过累积这些小的平面反射面上的反射和散射得到总体传播特性。

物理光学模型利用亥姆霍兹-基尔霍夫积分公式，计算表面上每个小平面元对散射场的贡献：

$$E_s = \frac{2jk}{4\pi} \int_S E_i e^{jk(r-r' \cdot n)} \frac{dS}{|r-r'|} \tag{3-49}$$

式中，k 是波数；r 和 r' 分别是接收点和表面点的位置向量。

物理光学模型常用于海面电磁波传播的高频分析，适用于研究电磁波在海洋表面上的反射和散射特性。该模型对描述海洋雷达探测具有重要意义。

3. 微波辐射模型

微波辐射模型主要用于描述电磁波在海洋表面上传播时的辐射特性，包括辐射温度和辐射强度等。

微波辐射模型基于辐射传输方程，描述电磁波在介质中的辐射过程：

$$I_e(r,s) = I_0 e^{-\tau(r,s)} + \int_0^{\tau(r,s)} S(\tau') e^{-(\tau(r,s)-\tau')} d\tau' \tag{3-50}$$

式中，I_e 是辐射强度；τ 是光学厚度；$S(\tau')$ 是源函数；r 是位置向量。

微波辐射模型广泛应用于海洋气象预报和环境监测。通过分析海面微波辐射特性，可以获取海洋表面温度、风速和波浪高度等信息。

3.4.2 模型的应用与限制

海面电磁波传播模型在多个领域有着广泛的应用，包括海洋电磁波通信、海洋雷达探测、海洋气象预报和海洋导航。然而，这些模型也存在一些限制，下面将详细探讨这些应用和限制。

1. 海洋电磁波通信

利用海面电磁波传播模型可以预测电磁波在海洋表面传播的路径和传输损耗，从而实现远距离海洋通信。在海洋通信中，电磁波通过海面传播，可以用于船舶与岸基之间的通信。通过计算，可以确定最佳的传播路径和频率，减小信号衰减，提高通信效率。利用 Kirchhoff 近似模型可以预测电磁波在不同海况下的反射和散射特性，从而优化通信系统的设计。海洋环境的复杂性使得模型的应用面临挑战。海面状态的剧烈变化、风浪的影响以及海水的电导率等因素都会影响电磁波的传播，模型需要根据实际情况不断调整。此外，模型参数的准确性对预测结果有重要影响，而这些参数往往难以精确测量。

2. 海洋雷达探测

海面电磁波传播模型可以用于计算雷达信号在海洋表面的反射和折射情况，从而分析目标的位置、速度和反射特性。雷达系统利用电磁波的反射和散射特性来探测海洋目标。通过传播模型，可以分析电磁波在海面上的行为，进而优化雷达系统的参数设置。物理光学模型能够有效描述高频电磁波的散射特性，有助于提高雷达对小目标的探测能力。在雷达探测中，海面杂波和多径传播效应会对信号产生干扰，使目标探测变得更加困难。此外，海洋环境的动态变化也会影响雷达信号的传播，需要实时调整模型参数以提高预测的准确性。

3. 海洋气象预报

海面电磁波传播模型可以用于预测海面上各种天气现象对电磁波传播的影响，从而提高气象预报的准确性。通过分析电磁波在海面上传播的特性，可以获取关于海洋表面温度、风速和湿度等气象参数的信息。微波辐射模型可以用于监测海洋表面的辐射特性，从而获取气象数据，提高气象预报的准确性。气象预报中的不确定性和海洋环境的复杂性使得模型应用具有挑战性。海洋环境中的气象条件变化迅速，需要实时高精度地观测和更新数据以支持模型计算。

4. 海洋导航

利用海面电磁波传播模型可以计算电磁波在海洋表面传播的时间和路径，从而实现海洋导航。在海洋导航中，电磁波传播模型可以帮助计算信号的传播路径和时间，从而实现精确定位和导航。特别是在卫星导航系统中，电磁波传播模型可以用于修正电磁波在海洋表面传播时的延迟和偏差，提高定位精度。导航系统的精度依赖于模型的准确性和实时性。海洋环境的变化、海面状态的不规则性以及电磁波的多路径传播效应都会对导航精度产生影响，需要对这些因素进行综合考虑和实时修正。

本节详细介绍了海面电磁波传播模型的基本原理和应用情况。Kirchhoff 近似模型、物理光学模型和微波辐射模型在不同频率和海况下有着各自的适用范围和优缺点，这些模型在海洋电磁波通信、海洋雷达探测、海洋气象预报和海洋导航等领域具有重要应用价值。然而，海洋环境的复杂性和模型参数的准确性对模型的应用效果提出了挑战。通过不断优化模型和提高观测数据的精度，可以进一步提升海面电磁波传播模型的应用水平。

3.5 海面电磁环境下的通信与雷达应用

随着全球化和数字化进程的加速，海洋通信已经成为全球通信网络的重要组成部分。海洋通信的发展现状和时代挑战也引起了广泛的关注。首先，从海洋通信的发展现状来看，海洋通信技术已经取得了长足的进步。

3.5.1 海上通信特点与挑战

1. 海上无线通信技术现状

甚高频(very high frequency，VHF)通信是海上最常用的无线通信技术之一。VHF 通信具有信号稳定、传输距离较近等特点，适用于船舶之间的近距离通信。卫星通信是通过卫星转发信号实现远距离通信的一种方式。海上卫星通信技术主要包括 Inmarsat、海事卫星等，可实现全球范围内的通信。海上移动通信是一种基于陆地移动通信网络的海上无线通信技术。目前，全球海上移动通信网络已经逐渐普及，可实现船舶与船舶之间、船舶与岸台之间的通信。海上宽带接入技术主要包括海洋卫星数据通信和海上移动宽带接入等。海洋卫星数据通信技术主要利用高速数据传输技术，实现船舶与岸台之间的数据传输。

2. 海上无线通信技术难点

海上无线通信面临着诸多挑战。首先是信号覆盖范围限制的问题，鉴于地球表面呈现弧形形状，海上的信号覆盖范围会因此受到约束，而远距离通信更是容易遭受各种各样因素的干扰，像天气状况的多变以及不同的地理位置特点等，都会给通信的稳定性和有效性带来不利影响。

同时，网络安全问题也不容忽视，船舶在海上航行期间，同样会面临网络安全方面的威胁，容易遭到黑客的攻击，进而出现信息泄露等状况，这对船舶的正常运营无疑造成了一定程度的威胁。

再者就是设备安装与维护困难这一情况，海上无线通信设备往往需要安装在船舶的各个部位，其安装环境十分复杂，后续的维护工作难度颇大。而且船只在航行时处于动态之中，设备会频繁受到振动、高温、湿度等多种不利因素的影响，这使得维护成本居高不下。

3. 海上无线通信技术热点

随着科技的迅速发展，空天地一体化通信网络已经成为通信领域的一大热门话题。这种通信方式通过整合空中、地面和太空中的通信资源，为全球用户提供了一种全方位、高效率的通信服务。然而，空天地一体化通信网络的发展也面临着许多挑战。

1) 空天地一体化通信技术特点

空天地一体化通信网络描绘出一幅极具吸引力的未来通信蓝图，其发展愿景旨在构建一种全方位、无死角的智能通信环境，达成全球无缝对接的通信服务。在这样的通信环境里，形形色色的设备传感器与广大用户紧密相连，让人们随时随地都能畅享高速且安全的通信体验。其具有多方面的显著特点：

其一为全覆盖，借助整合各类网络资源，达成全球通信无盲区，彻底攻克传统通信网络在局部区域存在的覆盖缺失或信号不佳难题。无论是偏远山区、广袤海洋还是极地地区等，都能纳入通信网络的版图。

其二是高速度，充分运用空中与太空中的先进高速数据传输技术，为用户呈上超高速的通信速率，完美匹配高清视频流畅播放、大文件快速传输等对高带宽的严苛需求，极大地提升了数据传输的效率与用户体验。

其三，低延迟特性尤为关键，通过精心优化网络路由以及传输协议，显著降低数据传输过程中的延迟现象，大幅增强实时通信的效能与响应速度，为诸如远程医疗手术、自动驾驶等对实时性要求极高的应用场景提供了坚实的技术支撑。

其四，高可靠性是该网络的一大亮点，凭借卫星通信和空中通信所具备的冗余备份能力，极大地提升了整个通信网络的稳定性与抗风险能力，有效避免因局部故障而导致的通信中断，确保通信服务的持续不间断供应。

其五，智能化水平的融入是其先进性的重要体现，借助引入人工智能与机器学习等前沿技术，实现网络的自动化管理与智能优化，精准地调配网络资源，从而提高资源利用率并全方位提升服务质量，让网络能够根据用户需求与使用场景的变化自动调整与适应。

2) 空天地一体化通信技术挑战

然而，空天地一体化通信网络在迈向现实的征程中面临诸多严峻挑战。

从技术层面来看，由于需要融合地面移动通信、卫星通信、航空通信等多种类型的通信技术，而这些技术在通信协议、频段、传输速率等关键要素上均存在差异，因此如何妥善解决多种技术之间的兼容性与互操作性问题成为技术攻关的核心焦点，需要研发统一的适配接口与转换机制等，以保障不同技术在一体化网络中协同运作。

在经济领域，其建设与维护所需资金规模极为庞大，涵盖卫星制造与发射的高昂费用、地面基站建设的巨额投入、大量设备采购成本以及持续的运维开销等方面，远超传统地面通信网络。这就迫切需要创新商业模式，通过探索多元化的投资主体、灵活的收费机制以及增值服务开发等确保经济上的可持续性发展。

在政策法规方面，因涉及航空、航天、电信等多个不同领域，各领域现行的政策法规往往存在差异甚至相互冲突，这就需要在宏观层面进行全面协调，精心制定统一且合理的政策和法规框架，明确各参与方的权利与义务，规范市场准入与运营监管等环节，为空天地一体化通信网络的茁壮成长保驾护航。

安全挑战不容小觑，鉴于其特殊的通信环境与传输方式，所面临的安全威胁与攻击手段更为复杂多样，包括来自太空的信号干扰、网络入侵以及数据窃取等。故而需要全力打造健全完善的安全机制与强大的防御体系，从数据加密、身份认证、入侵检测与抵御等多维度入手，全方位保障网络的安全稳定运行，维护用户信息安全与隐私。

标准化和合作方面同样存在障碍，当前空天地一体化通信技术标准与规范尚不完善，各国在技术研发重点、利益诉求等方面存在差异，导致国际合作与交流存在一定阻碍。因此，亟须加强国际的沟通协作，积极推动标准化工作，通过多边协商与联合研发等方式，逐步形成统一的国际标准和规范，促进全球范围内空天地一体化通信网络的协同发展与互联互通。

3.5.2 雷达在海面监测中的应用

激光雷达是一种利用激光技术进行测距和图像获取的高性能设备，广泛应用于各个领域。本节以激光雷达为例，说明雷达在海上监测中发挥的重要作用。

首先，激光雷达可以应用于海上交通监测。在海上交通繁忙的航道中，船只的排队和前进速度需要得到妥善的管理和控制。激光雷达可以实时获取船只的位置和速度信息，并提供给监测人员进行分析和决策。通过分析激光雷达获取的数据，监测人员可以调整船只的行进速度和航线，以确保船只之间的安全距离，减少事故的发生。

其次，激光雷达可以应用于环境监测。海上污染是一个严峻的问题，能够及早发现和处理污染物的泄漏对保护海洋生态环境至关重要。激光雷达可以通过扫描海洋表面，实时获得海水的质量和温度数据。同时，激光雷达还可以监测海洋中漂浮物的分布情况，包括塑料垃圾、油污等。这些信息有助于监测人员及时发现污染源，并进行相应的处置措施。

再次，激光雷达还可以应用于海上安全监测。海上安全是任何一个国家或地区都非常关注的问题。激光雷达可以检测海上的隐形障碍物，如浅滩、礁石等，避免船只发生碰撞事故。激光雷达还可以通过扫描海面，实现对海况的监测，包括波浪的高度、风向风速等信息。这些数据可以提供给船只的操作员，帮助其合理调整航速和航线，确保航行的安全。

最后，激光雷达还可以应用于海上资源勘探。海洋资源丰富，包括石油、天然气等。激光雷达可以通过高精度的测距和图像获取，帮助勘探人员定位海底油气资源的存在和分布情况。激光雷达还可以检测海底地质构造的变化，帮助勘探人员更好地了解资源的开采潜力。

综上所述，激光雷达在海上监测中具有广泛的应用前景。它可以用于海上交通监测、环境监测、海上安全监测和海上资源勘探等多个方面。激光雷达的高精度和实时性，使得海上监测工作更加高效和准确，有助于海洋的安全和保护。随着激光雷达技术的进一步发展和成熟，相信激光雷达在海上监测中的应用方案会越来越成熟和完善。

思 考 题

3.1 简要概述海水的电磁特性及其影响因素。

3.2 简要概述通常情况下二维海谱的表达方式及其影响因素。

3.3 电磁波在海面上传播的方式有哪些？海面上影响电磁波传播的因素有哪些？

3.4 简要介绍大气对电磁波的传播产生的散射效应。

3.5 Kirchhoff 近似模型的模型原理是什么？有什么应用？

3.6 海面电磁通信有哪些应用？又面临哪些挑战？

第4章 海水中电磁波传播

本章深入探讨了海水中电磁波的传播特性及其应用。本章首先介绍了水下电磁环境,详细描述了电磁波在海水中的传播特性及其衰减特性,分析了水下电磁噪声和干扰的影响;然后,探讨了复杂海洋环境下的电磁波传播,介绍了复杂海洋环境的特点及其对电磁波传播的影响,以及一些特殊的传播现象;随后,介绍了海水中电磁波传播的模型,讨论了模型参数的选取和误差分析;最后,阐述了水下电磁通信与探测的实际应用,展示了这一领域的技术进展和应用前景。通过本章的学习,读者将对海水中电磁波传播的复杂性及其在通信和探测中的应用有更深入的理解。

4.1 海水中的电磁环境

4.1.1 概述

海洋环境对电磁波传播的影响是多方面的。海水的成分、盐度、温度、压力、流动状态等因素都会对电磁波传播产生影响。这些复杂因素会引起电磁波的衰减、反射、折射、散射等多种现象。为了更好地理解这些影响,可以从海洋电磁学的基本方程和实际情况出发进行分析。

1. 海水的成分

海水中含有多种离子,如 Na^+、Cl^-、Mg^{2+}等,这些离子使海水成为良好的导电介质。海水的电导率(σ)取决于离子的浓度和温度。海水的电导率公式如下:

$$\sigma = \sigma_0 \left(1 + \alpha_T (T - T_0)\right) \tag{4-1}$$

式中,σ_0是参考温度T_0下的电导率;α_T是温度系数;T是海水温度。

2. 温度和压力

海水的温度和压力变化会影响其介电常数(ε)和电导率(σ)。高温度会增加离子的活动性,从而增加电导率。海水的介电常数可以近似表示为

$$\varepsilon(T,P) = \varepsilon_0 \left(1 + \alpha_T (T - T_0) - h_P P\right) \tag{4-2}$$

式中,ε_0是参考条件下的介电常数;α_T是温度系数;h_P是压力系数;P是海水压力。

3. 盐度

海水的盐度直接影响其电导率和介电常数。盐度越高,电导率越大。电导率与盐度的关系可以表示为

$$\sigma(S) = a + bS \tag{4-3}$$

式中，a 和 b 是常数；S 是盐度。

4. 海水的流动状态

海水的流动状态，如海流和涡流，会引起电磁场的扰动，导致电磁波的反射、折射和散射。可以用 Navier-Stokes 方程描述海水的流动状态：

$$\rho\left(\frac{\partial \boldsymbol{u}}{\partial t}+(\boldsymbol{u}\cdot\nabla)\boldsymbol{u}\right)=-\nabla p+\omega\nabla^2\boldsymbol{u}+\boldsymbol{f} \tag{4-4}$$

式中，ρ 是海水密度；$\boldsymbol{u}$ 是速度场；p 是压力；ω 是动力黏度；$\boldsymbol{f}$ 是外力。

5. 反射和折射

电磁波在海水分界面上的反射和折射可以用斯涅尔定律描述：

$$\frac{\sin\theta_i}{\sin\theta_t}=\frac{v_1}{v_2} \tag{4-5}$$

式中，θ_i 是入射角；θ_t 是折射角；v_1 和 v_2 分别是介质 1 和介质 2 中的传播速度。

海洋环境对电磁波传播的影响是多因素、多层次的。海水的成分、温度、盐度、压力和流动状态等都会对电磁波的传播产生复杂的影响。通过理解和量化这些影响，可以更好地设计和优化海洋电磁探测设备和系统，提高探测精度和可靠性。

4.1.2 海洋环境的影响

海洋环境的影响

1. 多径效应

在海洋中，水下障碍物、海浪和涡流等不同介质和散射体会引起电磁波的多次反射、折射和散射，从而形成多条传输路径，这种现象称为多径效应。多径效应会导致电磁波衰减和干扰，进而降低海洋通信和雷达探测系统的性能。

根据经典电磁理论，当电磁波从光密介质入射到光疏介质且入射角大于布儒斯特角时，会在界面上产生沿界面传播且能量集中在界面附近的侧面波。浅海环境中的侧面波产生机理与上述具有明显物理意义的侧面波有所不同，浅海中的侧面波本质上来源于分层导电介质中低频电磁场数学解析中的支点留数和沿支点割缝的积分项，其数学意义大于物理意义。此外，吸附表面波的产生需满足反射波各层媒质波数呈单调递增或单调递减的条件。但一般海洋环境不具备媒质波数单调递增或递减的条件，因此一般海洋环境中只存在侧面波而不存在吸附表面波。

综上，浅海环境下的水下电磁场包括直达波、反射波、海面侧面波和海底侧面波四个分量，如图 4-1 所示。

1）直达波

直达波是从源点出发，未经过界面反射和折射直接到达场点的电磁场分量。在三层模型中，水下电磁场的直达波分量与在无限大均匀媒质中的水下电磁场解析式完全一致。

2）反射波

反射波是从源点出发，经过空气-海水和海水-海床界面反射后到达场点的电磁场分量。在三层模型中，水下电磁场的反射波分量可以等效为场源沿空气-海水和海水-海床界面的镜像源产生的电磁场，其传播特性与空气和海床媒质的电性参数无关。

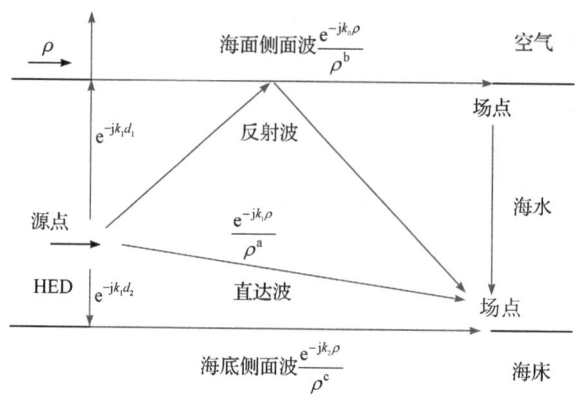

图 4-1 浅海环境中水下电磁场多路径传播示意图

3) 海面侧面波

海面侧面波从源点垂直向上传播到空气-海水界面,然后沿界面传播,最后垂直向下传播到达场点的分量。该分量在数学上来源于积分函数支点割缝积分,其在界面上的传播特性由空气媒质的电磁参数决定。

4) 海底侧面波

海底侧面波从源点垂直向下传播到海水-海床界面,然后沿界面传播,最后垂直向上传播到达场点的分量。该分量在数学上同样来源于积分函数支点割缝积分,其在界面上的传播特性由海床媒质的电磁参数决定。

通过建立的三层模型中时谐偶极子产生电磁场的解析式,可以使用公式分解和数值模拟来研究水下电磁场的分布规律。图 4-1 展示了空气-海水-海床三层模型下,时谐水平电偶极子产生的水下电磁场总场、直达波、海面侧面波和海底侧面波的衰减曲线。

在计算模型中,水深为 100m,海水电导率为 3.7S/m,海床电导率为 0.01S/m,偶极子信号频率为 100Hz,偶极子位于海面下方 60m,观测点与偶极子在同一高度。根据上述计算条件,水下电磁场总场曲线和直达波分量曲线在径向距离 0.15km 的区间内基本吻合,表明在该区间内直达波分量占主导地位。当距离逐渐增大时,总场和直达波曲线开始分离,直达波分量所占比重逐渐减小,而海底侧面波所占比重逐渐增大,并在 0.15~2.6km 的距离区间内占据主导地位。当径向距离大于 2.6km 时,海面侧面波成为水下电磁场的主要组成部分。

从上述分析可以看出,在通常的浅海条件下,水下电磁场在近距离区域以直达波为主,远距离区域以海面侧面波为主,中间区域以海底侧面波为主。海面侧面波和海底侧面波在水下电磁场分量中的比重则由海洋环境电导率、海深、源点和场点位置及水平径向距离等因素综合决定。

下面给出直达波的衰减特性,为了便于分析,采用球坐标系来分析其分布规律。在球坐标系下,直达波分量表达式如下所示:

$$\begin{cases} E_{1r} = \dfrac{Ilk_1^3 \cos\theta}{2\pi\sigma}\left[\dfrac{1}{(k_1r)^3} + j\dfrac{1}{(k_1r)^2}\right]e^{-jk_1r} \\ E_{1\theta} = \dfrac{Ilk_1^3 \sin\theta}{4\pi\sigma}\left[\dfrac{1}{(k_1r)^3} + j\dfrac{1}{(k_1r)^2} - \dfrac{1}{k_1r}\right]e^{-jk_1r} \\ H_{1\varphi} = \dfrac{Ilk_1^2 \sin\theta}{4\pi}\left[\dfrac{1}{(k_1r)^2} + j\dfrac{1}{k_1r}\right]e^{-jk_1r} \end{cases} \quad (4\text{-}6)$$

式中，k_1 是波数；I 是电流；l 是电流源间的距离；θ 是电磁波切向入射角；σ 是电导率；r 是传播距离。

通过式(4-6)可知，水下电磁场直达波分量在海水传播过程中存在两部分能量损失，分别是空间扩散衰减及海水导电介质吸收衰减。直达波由与传播距离 r、r^2 和 r^3 成反比的三项构成，分别对应准稳态场、感应场和辐射场。

当 $|k_1r| \ll 1$，即 $r \ll \dfrac{\lambda}{2\pi}$ 时，则式(4-6)简化为

$$E_r = \frac{Il\cos\theta}{2\pi\sigma r^3}, \quad E_\theta = \frac{Il\sin\theta}{4\pi\sigma r^3}, \quad H_\varphi = \frac{Il\sin\theta}{4\pi r^2} \tag{4-7}$$

根据式(4-7)可以看出，当 $r \ll \dfrac{\lambda}{2\pi}$ 时，直达波呈现准稳态场特性，电场、磁场与频率无关，E_r、E_θ 随距离呈三次方衰减规律，H_φ 随距离呈二次方衰减规律。

当 $|k_1r| \gg 1$，即 $r \gg \dfrac{\lambda}{2\pi}$ 时，则式(4-6)简化为

$$\begin{cases} E_\theta = \mathrm{j}\dfrac{Il\omega\mu\sin\theta}{4\pi r}\mathrm{e}^{-\mathrm{j}k_1 r} \\ H_\varphi = \mathrm{j}\dfrac{Ilk_1\sin\theta}{4\pi r}\mathrm{e}^{-\mathrm{j}k_1 r} \end{cases} \tag{4-8}$$

根据式(4-8)可以看出，当 $r \gg \dfrac{\lambda}{2\pi}$ 时，直达波呈现辐射场特性，E_θ、H_φ 与距离 r 成反比；另外，由于海水媒质的导电性(波数 k_1 为复数)，还存在吸收损失，其随距离 r 呈指数衰减。

直达波衰减特性总结如下：水下电磁场直达波分量在海水中存在吸收损失和扩散损失两部分，当源点和场点距离远小于 $\dfrac{\lambda}{2\pi}$ 时，扩散损失项的衰减快于吸收损失，E_r、E_θ 扩散损失呈三次方衰减规律，H_φ 扩散损失呈二次方衰减规律；当源点和场点距离远大于 $\dfrac{\lambda}{2\pi}$，吸收损失所占比重急剧增大，E_θ 和 H_φ 扩散损失呈一次方衰减规律，吸收损失呈现指数衰减规律。

2. 散射效应

海洋中存在着大量的散射体，如浮游生物和盐粒等，它们会导致电磁波的散射。散射效应会使电磁波在传输过程中发生方向变化，从而增加了传输损耗。

假设媒质是均匀的，那么电磁波在传播时将不会受到干扰或偏斜，但这并不意味着散射为零。光子的弹性散射是光在大块媒质中传播的基本原理。根据惠更斯-菲涅耳原理，每一个散射的原子都是电磁球面波的点源。尽管如此，在一个致密的均匀媒质中不会向周边产生显著散射。这意味着，当平行光束穿透媒质时，不会有明显的散射损失。

然而，分子的热运动导致了光的不均匀性。如果分子是各向同性的，那么折射率的变化由密度和温度的局部起伏引起。这些变化会导致光向侧面散射。实际上，入射波随机的散射将导致在除光波前进方向以外的各个方向上产生彼此独立的出射子波。由于所有沿不同路径传播到前向点的光线具有相同的长度，因此在前进方向上没有相消干涉。因为路径长度相似，相长干涉十分显著，因此侧面散射光束从主光束中散射出来而不会因干涉导致削弱。

下面讨论密度和温度起伏对光散射的影响。假设存在一个体积为 V、半径为 a 的球体，这个球体介电常数变化的总量为 $\Delta\varepsilon$：

$$\varepsilon_0 \to \varepsilon_0 + \Delta\varepsilon \tag{4-9}$$

假设介电常数的变化是非常小的，即

$$\Delta\varepsilon \ll \varepsilon_0 \tag{4-10}$$

要分析入射电磁波是如何被这个球体散射的，为此进一步假设

$$M_{\text{size}} \ll a \ll \lambda \tag{4-11}$$

式中，M_{size} 为典型的分子大小。

很容易计算出介电常数为 ε_0 的媒质中介电常数为 ε 的电介质球体的电偶极矩，电偶极矩 p 的表达式为

$$p = \left(\frac{\varepsilon - \varepsilon_0}{\varepsilon + 2\varepsilon_0}\right) a^3 E \tag{4-12}$$

而偶极矩为零。

微分散射截面可通过微分散射截面方程替代 p 得到，因此可得

$$\frac{d\sigma_v}{d\Omega} = k^4 a^6 \left|\frac{\varepsilon - \varepsilon_0}{\varepsilon + 2\varepsilon_0}\right|^2 \frac{1}{2}(1 + \cos^2\theta) \tag{4-13}$$

式中，σ_v 是体积为 v 的球体的横截面；θ 为散射角度。通过对立体角的积分可得总散射截面为

$$\sigma_v = \frac{8\pi}{3} k^4 a^6 \left|\frac{\varepsilon - \varepsilon_0}{\varepsilon + 2\varepsilon_0}\right|^2 \tag{4-14}$$

总体积 $V = N \cdot v$，其中 N 是总的球体个数，则单位体积的散射为

$$\sigma_s = \frac{\sigma_v}{Nv} = \frac{2k^4 a^3}{N} \left|\frac{\varepsilon - \varepsilon_0}{\varepsilon + 2\varepsilon_0}\right|^2 \tag{4-15}$$

由散射而引起的衰减系数为

$$\chi_s = N\sigma_s \approx \frac{k^4}{6\pi\varepsilon_0^2} v |\Delta\varepsilon|^2 \tag{4-16}$$

利用热力学来估计 $v|\Delta\varepsilon|^2$ 均值的表达式，化简后为

$$\chi_s = \frac{k^4}{6\pi N} |\varepsilon - 1|^2 = \mu^2 \varepsilon^2 \frac{\omega^4}{6\pi N c^4} |\varepsilon - 1|^2 \tag{4-17}$$

单色电磁波在各向同性媒质中因导体球引起的散射现象通常用米氏理论来描述。由于假设球体为导体，这个问题涉及折射、反射和吸收现象。电磁波与球体碰撞后，一部分射入导体，即电磁场的部分能量被球体吸收。当媒质为电介质时，可以通过将球体的电导率置零来简化求解。

尽管米氏理论最初是为单一散射球体发展而来的，但它可以推广到大量散射球体的集合。假设许多具有相同大小和组成的球体随机分布，并且彼此之间的距离远大于单色波的波长。在这种条件下，虽然每个球体散射的光束相位关系不一致，但可以通过将每个球体散射的能量相加来求得总散射能量。

米氏理论主要研究当电磁波波长与散射球体尺寸近似相等时的散射情况，因此米氏理论对研究大气或海洋中小颗粒引起的衍射现象非常重要。

3. 温度和盐度梯度效应

海水中的温度和盐度梯度对电磁波传播有显著影响，会引起折射和反射的变化，进而影响传播路径和传输损耗。

这些梯度是影响海洋中电磁波传播的重要因素，对通信、探测和导航系统的性能有直接影响。以下是温度和盐度梯度对电磁波传播的具体影响。

1) 温度梯度对电磁波传播的影响

(1) 温度梯度会导致海水折射率的变化。折射率定义为电磁波在介质中传播速度与在真空中传播速度的比值。温度梯度造成折射率分布不均，从而影响电磁波的传播路径。当海水温度升高时，折射率降低，导致电磁波传播速度增加，进而引起电磁波路径的弯曲，使其偏离原有的直线路径。相反，温度降低时，折射率增加，电磁波传播速度减慢，电磁波路径的弯曲程度随之增加。

(2) 温度梯度还会影响电磁波的衰减程度。海水温度变化会影响电导率，从而影响电磁波的衰减系数。在高温区域，海水分子运动更为剧烈，电导率增加，导致电磁波衰减更快。相比之下，在低温区域，电导率较低，电磁波的衰减相对较慢。

2) 盐度梯度对电磁波传播的影响

(1) 盐度梯度会导致海水折射率的变化，进而影响电磁波的传播路径。盐度较高的海水折射率更高，导致电磁波在高盐度区域的传播速度较慢。结果是，电磁波在高盐度区域的传播路径弯曲程度增加。在低盐度区域，电磁波的传播速度较快，路径弯曲程度较小。

(2) 盐度对海水的电导率有显著影响。高盐度海水的电导率较高，导致电磁波衰减更快。在高盐度区域，由于电导率高，电磁波的衰减显著，信号强度减弱得更快。而在低盐度区域，电导率较低，电磁波衰减较慢，信号能够传播得更远。

3) 温度和盐度梯度的综合效应

在实际海洋环境中，温度和盐度梯度通常是同时存在的，它们对电磁波传播的影响是综合作用的结果。具体的影响包括：

(1) 温度和盐度梯度共同作用下，海水的折射率变化更加复杂，使得电磁波的传播路径受到更复杂的折射影响。在不同层次的温度和盐度梯度区域，电磁波可能会发生多次折射，导致传播路径更加弯曲和不稳定。

(2) 温度和盐度梯度共同影响海水的电导率，从而影响电磁波的衰减。高温和高盐度区域的复合效应会加剧电磁波的衰减，导致信号传播距离缩短。

4) 补偿和校正技术

为减小温度和盐度梯度对电磁波传播的影响，可以采用以下补偿和校正技术：

(1) 实时监测海水温度和盐度分布，建立梯度模型，为信号传播路径和强度的预测提供数据支持。

(2) 根据监测到的温度和盐度梯度信息，对电磁波传播路径进行校正，减少折射效应带来的路径偏差。

(3) 采用先进的信号处理技术，补偿因梯度效应引起的信号衰减和多径效应，增强信号强度和稳定性。

通过上述措施，可以有效减小温度和盐度梯度对电磁波传播的影响，提升水下通信、探测和导航系统的性能和可靠性。

4. 涡流效应

海水中存在着各种尺度的涡流，这些涡流会引起电磁波的散射和折射，从而影响电磁波的传输损耗和传输路线。

水下涡流效应是指在海洋中，由洋流和潮流的相互作用形成的旋转运动。这种旋转运动会对电磁波的传播产生显著影响。以下是对水下涡流效应影响电磁波传播的详细介绍。

1) 涡流效应的基本特征

水下涡流是一种复杂的流体动力学现象，通常表现为水体的旋转运动。涡流可以分为大尺度涡流和小尺度涡流。这些涡流在空间和时间上都具有高度的动态性和不确定性。

2) 涡流效应对电磁波传播的影响

涡流会导致局部水体的密度、温度和盐度发生变化，从而影响电磁波的折射率。涡流的旋转运动，这些变化是动态且不均匀的，导致电磁波传播路径的复杂折射效应。涡流中的折射率变化使电磁波路径发生弯曲，可能导致信号偏离预定方向，影响通信和定位的准确性。涡流引起的复杂折射效应会产生多路径传播现象，即信号通过不同路径到达接收点，导致信号的干扰和衰减。涡流的动态变化还会影响海水的电导率，进而影响电磁波的衰减程度。涡流引起的局部温度和盐度变化，电导率会发生动态变化，导致信号衰减的不确定性增加。高温、高盐度的涡流区域电导率较高，电磁波在这些区域的衰减更显著。低温、低盐度的涡流区域电导率较低，电磁波的衰减相对较慢。涡流的存在会增加海水的湍流程度，湍流可以视为一种随机的散射体，会对电磁波产生散射效应。散射效应会导致电磁波能量的扩散和衰减。涡流引起的散射效应会使部分电磁波能量散射到其他方向，减弱直达波的能量。由于散射效应，接收点接收到的电磁波信号强度会减弱，影响通信和探测系统的性能。

3) 涡流效应对具体应用的影响

(1) 对于通信系统，涡流效应会导致水下通信系统中的信号传播路径和强度发生变化。涡流引起的折射和散射效应会导致信号路径的不稳定和多径效应，影响通信的可靠性和传输速率。通信信号的传播路径受到涡流影响，会产生不稳定的路径变化，增加通信系统的误码率。多路径传播现象会导致信号的干扰和衰减，降低通信信号的质量。

(2) 水下探测系统(如声呐和电磁探测)依赖于电磁波信号的传播。涡流效应会影响探测信号的传播路径和强度，进而影响探测精度和探测距离。涡流引起的折射和散射效应会使探测信号路径发生变化，降低目标物体定位的精度。由于信号衰减加剧，探测系统的有效探测距离会受到影响。

(3) 对于水下导航系统需要高精度的信号传播路径和强度。涡流效应对导航信号的折射和散射效应会导致定位误差增大，影响导航系统的可靠性和精度。涡流效应引起的信号路径变化和强度衰减会导致导航系统的定位误差增大，影响导航的准确性。信号的不稳定性和多径效应会影响导航系统的可靠性，增加系统的校正和补偿难度。

4) 应对涡流效应的方法

实时监测海水中的涡流分布和变化，建立精确的涡流模型，为电磁波传播路径和强度的预测提供数据支持。采用先进的信号处理技术，对涡流引起的信号折射和散射进行补偿，增强信号的稳定性和可靠性。根据涡流模型，对信号传播路径进行实时校正，减少折射效应带来的路径偏差。采用多天线技术和自适应滤波技术，减少多径效应和信号衰减对通信和探测系统的影响。设计高灵敏度、高稳定性的水下通信和探测设备，增强设备对涡流效应的适应能力,确保信号的可靠传播。

通过上述措施,可以有效减小涡流效应对电磁波传播的影响,提升水下通信、探测和导航系统的性能和可靠性。

4.1.3 海水中的电磁噪声

水下电磁噪声是指海洋环境中存在的、对电磁信号接收和传播造成干扰的非信号性电磁波。这些噪声可能来自自然现象或人为活动,对水下通信、导航、探测和监测等系统的性能和可靠性造成负面影响。电磁噪声可以分布在不同频谱范围内,并具有不同的时间特性,增加了电磁波传播的复杂性。

水下电磁噪声大致可以分为自然噪声和人为噪声。自然噪声又可以分为地球物理噪声和海洋环境噪声。人为噪声则包括船舶噪声、工业噪声和军事噪声。地球物理噪声是由地球物理现象引起的电磁噪声,通常具有自然来源,并在水下环境中具有显著影响。主要的地球物理噪声源包括地磁活动、雷暴活动、地震活动和海洋动力过程等。

1. 地磁活动产生的噪声

地球的磁场并非恒定不变,而是受各种因素影响而发生变化的。地磁活动产生的噪声包括磁暴和地磁脉动。太阳活动引起的磁暴会显著扰动地球磁场,产生强烈的电磁噪声。这种噪声通常覆盖极低频和超低频(ULF)波段。地磁场的周期性变化,又称为地磁脉动,通常在 ULF 波段引起噪声。这些脉动可以是周期性的,频率范围从几毫赫兹到几赫兹不等。在海洋电磁场研究中,地磁场是一个至关重要且不可忽视的因素。地球本身是一个天然的磁体,在地球的地理两极附近分别有南极和北极,因此地球的磁场称为地磁场。地磁场的形成涉及地球自转和内部电流等多种理论,但目前尚无确凿的证据。地磁场是一个弱磁场,在全球各地均有明确的分布,平均磁感应强度约为 0.5×10^{-4}T,在广阔的海洋中同样适用。地磁场由各种不同来源的磁场叠加而成。按其性质可将地磁场 $\boldsymbol{B}_T$ 区分为两大部分:一部分主要源自地球内部的稳定磁场 $\boldsymbol{B}_T^0$,另一部分是主要起源于地球外部的变化磁场 $\gamma\boldsymbol{B}_T$,即

$$\boldsymbol{B}_T = \boldsymbol{B}_T^0 + \gamma\boldsymbol{B}_T \tag{4-18}$$

其中变化磁场比稳定磁场弱得多,最大变化也只占地磁场感应强度的 2%~4%,因此稳定磁场是地磁场的主要部分。地磁场主要来源及产生机理如图 4-2 所示。

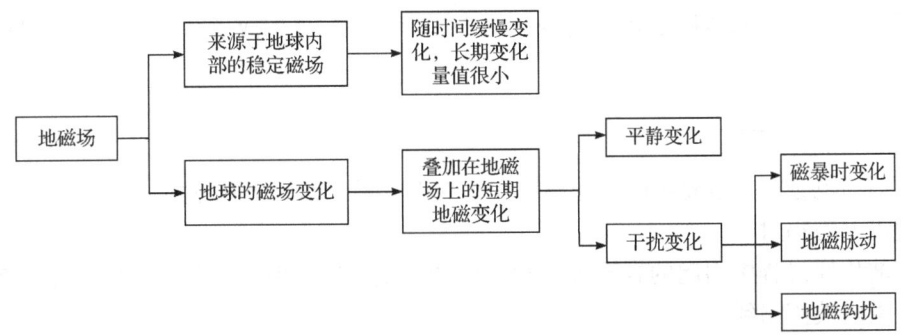

图 4-2 地磁场主要来源及产生机理

海水作为一种导电体,在其持续运动过程中不可避免地会切割地球的磁力线,从而诱发电流以及相关的磁场、电场和电荷。这种现象称为水动力磁场效应,它在电磁场理论中对海洋研究具有重要意义。因此,在海洋环境中,除了地球的稳定和变化磁场外,还存在由水动力磁场效应产生的另一成分——海洋磁场。

海水运动切割地球磁场的磁力线,产生感应电场,考虑流体介质的类型和外部磁场的幅值,这里不考虑压力波的磁阻尼,得到如下公式:

$$\left(\nabla^2 - \mu\sigma\frac{\partial}{\partial t}\right)\boldsymbol{B} = -\mu\sigma\nabla\times(v_0\boldsymbol{B}_T) \tag{4-19}$$

式中,v_0 为海水介质流速;$\nabla\cdot\boldsymbol{B}=0$,$\boldsymbol{B}$ 在边界处连续。

感应电流密度 $\boldsymbol{J}$ 可以表示为

$$\boldsymbol{J} = \frac{\nabla\times\boldsymbol{B}}{\mu} + \sigma(v_0 + \boldsymbol{B}) \tag{4-20}$$

式中,σ 为海洋海水电导率。

对于低频来说,式(4-19)和式(4-20)中的时间导数可以忽略,由于海水运动产生的感应电流密度可以描述为

$$\boldsymbol{J} = \sigma(v_0 + \boldsymbol{B}_T) \tag{4-21}$$

式中,$\boldsymbol{B}_T$ 为磁场垂直分量。

研究表明,海流和海浪诱发的海水中电流密度最高可达 $6\sim10\text{mA/m}^2$。这些运动的海水切割地球的磁力线,产生感应电流,并作为新的场源产生磁场和电场。

注意到,海流的运动,客观上造成了磁源的运动,使得磁场似乎随着流体机械波的扩散向远处传播,这类水动力磁场的传播又称为伪传播。之所以称为伪传播,是因为这种磁场的传播实际上并非磁源发出的电磁信号在空间的扩散,而是由引发电磁场的场源以机械波形式向远处运动而造成的。

由于这部分磁场主要是海水以各种形式不断运动切割地球磁力线引起的,这种由海水运动切割地球磁力线引起的磁场称为海洋磁场。海洋磁场实际上构成了海洋电磁场的主要自然场源之一,包括海流电磁场、海浪电磁场和内波电磁场等。因此在海洋中磁场可表示为

$$\boldsymbol{B}_T = \boldsymbol{B}_T^0 + t = \gamma\boldsymbol{B}_T + \boldsymbol{B}_{\text{OM}} \tag{4-22}$$

式中,$\boldsymbol{B}_{\text{OM}}$ 为海洋磁场。

理论分析和实测表明,海洋磁场量值较小,因此由这部分磁场造成的二次感应场效应在研究中可以忽略。但海洋磁场是研究海洋的主要信息源,也构成了在海洋中开展目标探测和识别的主要干扰源。

2. 地震产生的噪声

地震活动也会产生电磁噪声。地震引起的噪声主要包括以下两方面。

1) 地震电磁辐射

地震波传播过程中引起的岩石破裂和摩擦会产生电磁辐射。这些辐射信号可以在低频和极低频范围内被探测到。

地震波的传播可以用弹性波方程表示：

$$\nabla \cdot \boldsymbol{F} + \rho \boldsymbol{f} = \rho \frac{\partial^2 \boldsymbol{u}}{\partial t^2} \tag{4-23}$$

式中，$\boldsymbol{F}$ 是应力张量；ρ 是密度；$\boldsymbol{f}$ 是体积力密度；$\boldsymbol{u}$ 是位移矢量。

应力和电场之间的关系可以通过麦克斯韦方程组描述，假设电导率为 σ_e，磁导率为 μ。

$$\nabla \times \boldsymbol{E} = -\mu \frac{\partial \boldsymbol{H}}{\partial t} \tag{4-24}$$

$$\nabla \times \boldsymbol{H} = \sigma_e \boldsymbol{E} + \varepsilon \frac{\partial \boldsymbol{E}}{\partial t} \tag{4-25}$$

结合这两组方程，可以得到地震引起的电磁波传播模型。

2) 海底火山喷发

海底火山喷发时，岩浆的运动和释放也会产生电磁信号，这些信号通常频谱较低。

火山活动产生的热流可以影响地壳的电导率变化，用 Fourier 热传导方程表示：

$$\nabla \cdot (k_t \nabla T) = \rho c_p \frac{\partial T}{\partial t} \tag{4-26}$$

式中，k_t 是热导率；T 是温度；c_p 是比热容。

电导率变化导致电场变化，根据欧姆定律和麦克斯韦方程组：

$$\boldsymbol{J} = \sigma_e \boldsymbol{E} \tag{4-27}$$

$$\nabla \times \boldsymbol{E} = -\mu \frac{\partial \boldsymbol{H}}{\partial t} \tag{4-28}$$

$$\nabla \times \boldsymbol{H} = \sigma_e \boldsymbol{E} + \varepsilon \frac{\partial \boldsymbol{E}}{\partial t} \tag{4-29}$$

结合热传导和麦克斯韦方程组，可以模拟火山活动引起的电磁波。

3. 雷暴活动产生的噪声

雷暴是电磁噪声的一个重要自然来源，尤其在极低频和低频波段有显著影响。雷暴产生的电磁噪声包括：闪电放电，会产生强烈的电磁脉冲，这些脉冲会在大气和海水中传播，形成宽带电磁噪声，闪电的频谱范围很广，从几赫兹到数百千赫兹；雷击，直接击中海洋表面的雷击会在局部区域产生强烈的电磁场变化，引起强噪声。

4. 海洋环境噪声

海洋环境噪声主要包括以下六种。

(1) 海浪噪声是由海浪运动产生的水下声学和电磁噪声。当海浪破碎时，释放的能量形成气泡并导致水中的机械振动和电磁扰动。

(2) 潮汐引起的海水流动也会产生水下噪声。潮汐作用导致海水流动和湍流形成，这些运动在水下传播并产生噪声。

(3) 海底地形的不规则性导致水下声学和电磁波的反射、散射和衰减，进而产生噪声。海底地形的变化使电磁波在水下发生多次反射和折射，增加了噪声的复杂性。

(4) 海底生物的活动也会产生水下噪声，如鱼类的游动和海洋生物的生长活动会产生微弱的声学和电磁信号。

(5) 洋流的运动引起海水中带电离子的运动,产生电磁场的变化,这种噪声主要在低频范围内显现。

(6) 海洋中的各种动力过程也会产生电磁噪声,包括海浪和潮汐。海浪和潮汐运动会引起海水的流动和波动,这些运动产生的电磁场变化会形成电磁噪声,尤其在低频和极低频范围内。

计算海浪产生的磁场可以采用 Weaver 提出的空气-海水-海床三层媒质模型。

取相对于地球静止的坐标系。z 轴垂直向下,$z=0$ 取在未受扰动的海平面上,x 轴沿波传播的方向,y 轴垂直于波阵面,x、y、z 构成右手正交系。地磁场向量 $\boldsymbol{B}_E$ 在坐标系中的分量由三个参数决定:地磁场的大小 F、磁倾角 I_1 和 x 轴与磁北向的夹角 ϕ_1。

$$\boldsymbol{B}_E = F\left(\cos I_1 \cos\phi_1 \boldsymbol{e}_x - \cos I_1 \sin\phi_1 \boldsymbol{e}_y + \sin I_1 \boldsymbol{e}_z\right) \tag{4-30}$$

模型假定海水是无旋的,且具有不可压缩的性质,此时海浪速度向量可表示为

$$\boldsymbol{q} = -a\omega(\boldsymbol{ij}+\boldsymbol{k})\mathrm{e}^{\mathrm{j}\omega t - \mathrm{j}mx - mz} \tag{4-31}$$

由于感应电流产生的变化场相比于地磁场很小,$\boldsymbol{q}\times(\mu\boldsymbol{H}+\boldsymbol{B}_E)$ 可以近似写为 $\boldsymbol{q}\times\boldsymbol{B}_E$。

海浪产生的电磁场具有如下特点:海浪产生的电磁场能量集中在很低的频率范围上,一般海浪频率在 0.3Hz 以下,这与海浪谱所表述的海浪能量集中的频带基本相当;随着产生海浪的风速增加,海浪中所携带的能量也有所增加,但主要能量则向更低的频率靠近,这主要是因为更低的频率海浪可携带更大的能量,海浪产生的电磁场也有这样的特点;海浪谱和电磁场频谱基本一致的特点,为观察海浪产生电磁场的主要能量频率提供了一种依据。

5. 人类活动噪声

在海洋环境中,人类活动噪声,如海上的船舶、潜水器和声呐设备等所产生的水下噪声,包括引擎声、螺旋桨声和声呐信号等,会对水下电磁设备造成诸多不良影响。而抑制水下电磁噪声的方法是多维度的,主要集中于硬件改进、信号处理技术、部署策略、主动噪声控制、材料改进以及定期维护等方面。

在硬件改进层面,首先可以使用电磁屏蔽材料对敏感电子设备和电缆进行包裹,以此构建起一道抵御外部电磁噪声干扰的屏障。同时,在电源和信号线路上安装滤波器,依据噪声的频段特性,精准滤除特定频段的电磁噪声,确保信号传输的纯净性。此外,良好的接地系统不可或缺,其能够有效地减少电磁噪声通过地线传导,为设备的稳定运行奠定基础。

在信号处理技术方面,带通滤波器可依据实际信号与噪声的频谱特征进行优化设计,从而选择性地保留信号特定频段并滤除噪声频段。自适应滤波技术则能够根据实时的信号与噪声特性动态调整滤波参数,以实现最佳的噪声抑制效果。数字信号处理技术,如傅里叶变换和小波变换发挥着重要作用,它们可以对接收到的信号进行深度分析与处理,成功分离出有用信号与噪声,进而采取针对性的噪声抑制举措。阵列天线技术通过波束形成和方向性滤波技术,将接收系统的灵敏度聚焦于特定方向,有效降低来自其他方向的噪声干扰。

部署策略也至关重要,将电磁设备安置于深海区域是一种有效的手段,因为深海相对安静,电磁噪声较少,能够减少海面电磁噪声的干扰。同时,要依据实际环境状况精心挑选合适的部署位置,避开如船舶航线和海上作业平台等噪声高发区域。并且,选择在电磁噪声相对较低的时间段开展数据采集和通信工作。

主动噪声控制技术通过生成与噪声信号相位相反的对消信号来削弱噪声影响,不过这需要精确的噪声测量以及对消信号生成技术作为支撑。同时,运用如自适应滤波、卡尔曼滤波等数学算法和模型对接收到的信号进行处理,精准识别并降低噪声信号的影响。

在材料改进方面,设备外壳和电缆采用吸波材料,能够有效吸收外部电磁噪声,降低对设备的干扰。在设备表面涂覆导电涂层,则可增强电磁屏蔽效果,防止外部电磁噪声侵入设备内部。

定期维护同样不可忽视,定期对设备进行检查与维护,确保设备接地良好、屏蔽完整、接插件牢固,及时排除因设备故障引发的噪声问题,并且定期监测设备周围的电磁环境,敏锐识别并消除潜在的噪声源。

综上所述,通过综合运用这些方法,并依据实际情况对具体方法进行优化和调整,能够有效抑制水下电磁噪声,显著提升水下电磁设备的性能与可靠性,为海洋环境中的电磁设备稳定运行和数据精准采集等工作提供有力保障。

4.2 海洋环境下的电磁波传播

4.2.1 海水中电磁波的衰减特性

由于海水为导电介质,故在水下传播时将会产生较大的电磁能量损耗。海水中电磁波传播衰减因子和相位因子如式(4-32)所示,其中 α 为衰减常数,β 是相位常数。

$$\begin{cases} \alpha = \omega\sqrt{\dfrac{\mu\varepsilon}{2}\left[\sqrt{1+\left(\dfrac{\sigma}{\omega\varepsilon}\right)^2}-1\right]} \\ \beta = \omega\sqrt{\dfrac{\mu\varepsilon}{2}\left[\sqrt{1+\left(\dfrac{\sigma}{\omega\varepsilon}\right)^2}+1\right]} \end{cases} \quad (4\text{-}32)$$

在甚低频(VLF)频段,海水可视为良导体媒质,满足 $\sigma/\omega\varepsilon \gg 1$,此时衰减常数 α 和相位常数 β 可表示为式(4-33),进一步按照式(4-34)将衰减常数换算成分贝形式。

$$\alpha \approx \beta \approx \sqrt{\pi f \mu \sigma} \quad (4\text{-}33)$$

$$\mathrm{PL} = -20\log_{10}(\mathrm{e}^{-\alpha z}) \quad (4\text{-}34)$$

将式(4-33)及表4-1海水的电磁参数代入式(4-34),可以得出衰减如式(4-35)所示。

$$\mathrm{PL} = 0.0345\sqrt{f} \cdot z \quad (4\text{-}35)$$

表4-1 不同介质的电磁参数

介质	电导率/(S/m)	介电常数/(F/m)	磁导率/(H/m)
空气	0	ε_0	μ_0
海水	4	$80\varepsilon_0$	μ_0

在式(4-35)中,电磁波频率的单位为赫兹(Hz),传播距离 z 的单位为米(m)。在均匀海水 $\sigma = 4\mathrm{S/m}$ 中,VLF 频段的电磁波随频率增加,其单位距离的衰减量也随之增大。电磁波在

传播过程中，会受到介质内部电阻的影响，从而产生电磁损耗。这种损耗表现为电磁波能量转化为介质内分子热运动的能量，导致电磁波强度减弱。海水中的电磁损耗主要包括电阻性损耗和介电损耗，其中电阻性损耗与海水的导电性有关，而介电损耗则与海水的介电常数相关。

海水中包含大量悬浮颗粒和杂质，这些散射体会导致电磁波的传播路径发生偏转和分散，部分能量向其他方向传播，从而减弱原传播路径上的能量。散射程度依赖于散射体的大小、形状、浓度以及电磁波的波长。海水并非均匀介质，其温度、盐度、密度和流动状态存在不均匀性，这些因素会对电磁波产生散射作用，使能量分散到不同方向，导致传播路径上的能量减弱。此外，海水的分子结构和化学成分也会影响电磁波的传播。水分子具有极性，在电磁波通过时，水分子会在电场作用下产生振动，消耗电磁波的能量，导致其衰减。

海洋中的电磁波衰减程度受多种因素影响，包括海水的盐度、温度、压力等。海洋结构中存在层化现象，如温跃层和盐跃层，这些层具有不同的物理和化学特性，会对电磁波产生反射和折射，影响其传播特性和衰减程度。海洋生物，尤其是大量聚集的微生物和浮游生物，会对电磁波产生散射和吸收作用。这些生物体的电磁特性会影响电磁波的传播特性。海水的电导率由溶解的盐分决定。高电导率意味着海水中自由离子的浓度较高，电磁波在传播过程中会被这些离子吸收更多的能量，导致衰减增强。

综上所述，海洋中电磁波的衰减程度受到海水的物理和化学特性、环境条件、电磁波频率、海底和海洋表面的特性、生物活动及人为干扰等多种因素的综合影响。了解和掌握这些因素，对于优化海洋电磁探测和通信系统的设计，提升其性能和可靠性具有重要意义。

4.2.2 海水中电磁波的传播特性

海水是一种允许电磁能量通过的导电介质，但与其他导电介质相比，存在显著的差异。对于超低频以下的频段，电磁波在海水中的传播主要依赖传导电流，而非位移电流。这是因为海水的电导率远高于其他介质。因此，与常见的无线电波相比，电磁波在海水中的传播特性有着显著的不同。

无线电波在空气中的传播特性可以概括为以下几个方面：由于空气是非导电介质，且没有传导电流，因此电磁波主要以位移电流的形式存在，并且按照波动规律传播，符合方程(4-36)。相比之下，海洋电磁场的传播特性因海水的良好导电性而不同。海水是一种有耗介质，传导电流远大于位移电流，因此电磁场在近场区域主要以扩散规律分布，符合方程(4-37)。

空气中：

$$\begin{cases} \dfrac{\sigma}{\omega\varepsilon} \ll 1 \\ \nabla^2 \boldsymbol{E} - \mu\varepsilon\dfrac{\partial^2 \boldsymbol{E}}{\partial t^2} = 0, \quad \nabla^2 \boldsymbol{H} - \mu\varepsilon\dfrac{\partial^2 \boldsymbol{H}}{\partial t^2} = 0 \end{cases} \quad (4\text{-}36)$$

海水中：

$$\begin{cases} \dfrac{\sigma}{\omega\varepsilon} \gg 1 \\ \nabla^2 \boldsymbol{E} - \mu\sigma\dfrac{\partial \boldsymbol{E}}{\partial t} = 0, \quad \nabla^2 \boldsymbol{H} - \mu\sigma\dfrac{\partial \boldsymbol{H}}{\partial t} = 0 \end{cases} \quad (4\text{-}37)$$

海水的分层结构导致电磁波在海洋中的产生和传播具有研究价值。海洋环境通常由空气、海水和海床等多种介质组成，因此存在显著的物理界面和分层现象。由于海水与空气等介质在电导率和介电常数等物理参数上的明显差异，电磁波在水下界面上会发生反射和折射。此外，由于界面的存在，水下电磁场在空气和海水以及海水和海床的界面上会沿着表面传播。这种现象使得自由空间中的电磁场传播和分布与海洋环境中的水下电磁场有显著不同。不同海域由于温度、盐度、压力和海流等因素的差异，其电磁参数各异，水下电磁场的分布规律和传播特性更加复杂。总之，海洋环境的分层和有耗媒质特点，使得海洋电磁场的分布规律和传播特性与空气中的电磁波有所不同。

海水作为一种导电介质，其电解质含量、温度和压力等因素对导电性有显著影响，因此不同海域以及同一海域不同深度在不同时间段的电导率差异较大。1971 年，Stogryn 提出了海水电导率的计算公式：

$$\sigma(T,S) = \sigma(25,S) \cdot e^{-\delta\varphi} \tag{4-38}$$

式中，S 是海水盐度；T 是海水的温度，$\delta = 25 - T$；φ 的表达式为

$$\begin{aligned}\varphi = &\, 2.033\times10^{-2}+1.266\times10^{-4}\delta+2.464\times10^{-6}\delta^2 \\ &- (1.849\times10^{-5}-2.551\times10^{-7}\delta+2.551\times10^{-8}\delta^2)S\end{aligned} \tag{4-39}$$

式中，$\sigma(25,S)$ 的计算公式为

$$\sigma(25,S) = (0.182521 - 1.46192\times10^{-3}S + 2.09324\times10^{-5}S^2 - 1.28205\times10^{-7}S^3)S \tag{4-40}$$

基于式 (4-38) 得到不同海水温度及盐度条件下的海水电导率，其中，$-2℃ \leqslant T \leqslant 30℃$，$25‰ \leqslant S \leqslant 37‰$。可见，当海水温度越大，盐度越高时，海水电导率越大。总体上，海水电导率在 4S/m 左右变化，不同海域、不同季节的电导率是不一样的。

磁性物质的磁导率是表示其磁性的物理量，磁感应强度大小通常用符号 $B(\text{Wb/m}^2)$ 来表示，磁场的强度大小通常用符号 $H(\text{A/m})$ 来表示，则磁导率可以由式 (4-41) 表示：

$$\mu = \frac{B}{H} = \mu_0 + \mu_0 k_m \tag{4-41}$$

式中，磁导率 μ 与真空磁导率 μ_0 之比 $\frac{\mu}{\mu_0} = \mu_s$，$\mu_s$ 称为相对磁导率；k_m 称为磁化率。$\mu = \mu_0 \mu_s$，$\mu_s = 1 + k_m$。海水中

$$\begin{cases} \mu \approx \mu_0 = 4\pi\times10^{-7}(\text{H/m}) \\ M_s = 1, \quad k_m = 0 \end{cases} \tag{4-42}$$

对于常见的一些材料，其相对磁导率 μ_s 会比 1 略大。而对于金属类材料，尤其是铁来说，它的相对磁导率通常在 200 以上，最大能达到 10000。由于海水一般磁性材料的相对磁导率 μ_s 比 1 略大，而像铁这样的强磁性材料的相对磁导率能够达到 200～10000。海水中的相对磁导率可以认为等于空气中的相对磁导率，即等于 1，因此工程界有"海水是磁透明的"说法。

真空条件下两块板状导体平行竖立，则这两块板状导体间的电容为 C_0，当两极板间充满电解质时，其电容为 C_s，两者相比，即 $\frac{C_0}{C_s} = \varepsilon_r$，定义为相对介电常数。若真空中的介电常数为 ε_0，$\varepsilon_0 = 8.85\times10^{-12}\text{F/m}$。媒质介电常数表示为真空中的介电常数与相对介电常数的乘积，它是表示介质特性的一个重要参数：

$$\varepsilon = \varepsilon_0 \varepsilon_r \tag{4-43}$$

介电常数的变化影响电磁波的传播特性。电磁波的传播速度与其所处的电介质中的介电常数的平方根成反比，介电常数变大会使电磁波传播速度减小。海水的相对介电常数大约是80。

海水和空气的主要电磁参数如表4-1所示。

4.2.3 海洋环境传播模式

在海洋电磁学领域，电磁波的传播受到多种复杂环境因素的影响。本节将深入探讨四种特定的电磁波传播现象：表层波传播、斜入射传播、散射波传播以及天气效应传播。这些现象在海洋雷达探测、海洋通信、海底地震勘探、海洋遥感和海洋气象预报等应用中具有重要影响。

1. 表层波传播

表层波是指沿着海洋表面传播的电磁波。海洋表面的波动会引起电磁波传输路径的变化，导致表层波的传播路线和传输损耗发生变化。表层波通常用于海洋雷达探测和海洋通信。

表层波的传播机制包括直接波、反射波和绕射波。直接波是沿直线传播的电磁波，反射波是经过海面反射的电磁波，绕射波则是在遇到障碍物时发生弯曲传播的电磁波。

对于表层波传播的数学描述，可以使用菲涅尔反射系数来计算反射波的强度：

$$R(\theta_i) = \left| \frac{\cos\theta_i - \sqrt{\varepsilon - \sin^2\theta_i}}{\cos\theta_i + \sqrt{\varepsilon - \sin^2\theta_i}} \right|^2 \tag{4-44}$$

式中，θ_i是入射角；ε是海水的介电常数。

表层波的传播路径和损耗可以通过电磁波的自由空间路径损失公式来描述：

$$L(\mathrm{dB}) = 20\log_{10}\left(\frac{4\pi d}{\lambda}\right) \tag{4-45}$$

式中，$L(\mathrm{dB})$是路径损失；d是传播距离；λ是电磁波波长。

海面波动会导致传播路径的变化，影响电磁波的传输效率和损耗。高频电磁波更容易受到海面波动的影响，从而导致更大的传输损耗。入射角越大，反射波的强度越大，从而影响表层波的传播路径。

表层波传播广泛应用于海洋雷达探测和海洋通信。海洋雷达通过表层波检测海面目标，如船只和浮标；海洋通信则利用表层波进行近海范围内的无线电通信。

2. 斜入射传播

斜入射是指电磁波在斜向入射海水中的传播。在斜入射情况下，电磁波会发生折射和反射，从而形成多条传输路径。这会对电磁波的传输损耗和传输路径产生影响。斜入射通常用于海底地震勘探和海洋通信。

斜入射传播遵循斯涅尔定律：

$$n_1 \sin\theta_1 = n_2 \sin\theta_2 \tag{4-46}$$

式中，n_1和n_2分别是两种介质的折射率；θ_1和θ_2分别是入射角和折射角。反射系数和透射系数可以用菲涅尔方程来描述：

$$R_s = \left| \frac{n_1\cos\theta_1 - n_2\cos\theta_2}{n_1\cos\theta_1 + n_2\cos\theta_2} \right|^2 \tag{4-47}$$

$$T_s = 1 - R_s \tag{4-48}$$

当电磁波斜入射传播时，存在多个影响因素。其中，入射角的大小起着关键作用，入射角越大，折射角反而越小，并且反射强度会随之增大，而透射强度则会变小。同时，海水折射率的变化也不容忽视，它会对折射和反射的程度产生影响。此外，电磁波的频率也有影响，高频电磁波相较于低频电磁波，其折射和反射特性表现得更为显著。

斜入射传播广泛应用于海底地震勘探和海洋通信。在海底地震勘探中，斜入射电磁波用于探测海底结构和地质层；在海洋通信中，斜入射电磁波可以提高信号覆盖范围和通信质量。

3. 散射波传播

散射波是指电磁波在与海洋中的散射体相互作用时所发生的波动。散射波的传播路径和传输损耗会受到散射体大小、数量、分布等因素的影响。散射波通常用于海洋遥感和海洋探测。

散射波的传播机制主要包括瑞利散射和米氏散射。瑞利散射适用于波长远大于散射体尺寸的情况，而米氏散射适用于波长与散射体尺寸相当的情况。

散射强度可以用散射截面（σ_s）来表示：

$$\sigma_s = \frac{dP_s}{d\Omega} \tag{4-49}$$

式中，dP_s 是散射功率；$d\Omega$ 是立体角。

对于瑞利散射，散射截面（σ_s）可表示为

$$\sigma_s = \frac{8\pi^4 \psi^2 r^6}{3\lambda^4} \tag{4-50}$$

式中，ψ 是极化率；r 是散射体半径；λ 是波长。

对于米氏散射，散射截面（σ_M）可通过米氏散射方程计算：

$$\sigma_M = 2\pi r^2 \left(\frac{m^2-1}{m^2+2}\right)^2 \left(\frac{2J_1(kr)}{kr}\right)^2 \tag{4-51}$$

式中，r 是散射体半径；m 是相对折射率；k 是波数。

在散射波传播过程中，存在着诸多影响因素。首先，散射体的大小会对散射强度产生影响，散射体越大，相应的散射强度也就越大。其次，散射体的数量也是一个关键因素，其数量越多，散射波的总强度便会越大。另外，散射体的空间分布情况同样不可忽视，它会对散射波的方向性以及强度造成影响。

散射波传播在海洋遥感和海洋探测中具有重要应用。合成孔径雷达（SAR）利用散射波来探测海洋表面和水下目标；激光雷达（LiDAR）则利用散射波来测量水体中的颗粒物分布和浓度。

4. 天气效应传播

天气效应是指海洋中的大气影响电磁波传输的现象。大气中的降水和云层会对电磁波的传输产生影响，从而导致电磁波的传输损耗增加。天气效应通常用于海洋气象预报和海洋通信。

天气效应传播的主要损耗机制包括吸收和散射。吸收损耗（α_1）和散射损耗（β_1）可以分别表示为

$$\alpha_1 = \frac{4\pi\tau}{\lambda} \tag{4-52}$$

$$\beta_1 = \sigma_s N_s \tag{4-53}$$

式中，τ 是吸收系数；λ 是波长；σ_s 是散射截面；N_s 是散射体数量密度。

4.3 海水中电磁波传播模型

4.3.1 常用模型

当无线电波在复杂环境中传播时，会经历反射、折射、绕射和散射等传播机理。由于这些机理具有随机性，因此精确预测复杂环境中的无线电波传播特性非常困难。为满足各领域的研究需求，科学家们研究并建立了一些模型来预测复杂环境中的无线电波传输。这些预测模型可以分为三类：经验模型、半经验半确定性模型和确定性模型。

1. 经验模型

经验模型是通过分析大量测量数据后归纳出的公式。这类模型包括 Okumura-Hata 模型、Egli 模型、Ibrahim-Parsons 模型、McGeehan-Griffiths 模型、COST231-Hata 模型、Lee 模型和 Atefi-Parsons 模型等。经验模型相对简单，使用方便且限定条件较少，但通常仅适用于预测小场景、近距离的无线电波传播，其预测路径损耗的精确度较低。

2. 半经验半确定性模型

半经验半确定性模型结合了确定性方法和特定环境下生成的公式，属于统计模型。这类模型的经典例子包括 Longley-Rice 模型、Ikegami 模型和 Xia-Bertoni 模型。与经验模型相似，这类模型通常用于预测特定地形环境下的无线电波传输情况，尽管预测精确度不高。半经验半确定性模型适用于城市小区、市郊等区域的无线电波传播分析。

3. 确定性模型

确定性模型基于电磁理论，通过麦克斯韦方程组导出数学表达式。大多数确定性模型是通过射线跟踪电磁的方法得到的，如物理光学、几何光学、一致绕射理论和几何绕射理论等。经典的确定性模型包括 TIREM 模型、Durkin 模型和 SEKE 模型等。

由于无线电波传播环境的差异性，无法找到适用于所有无线电波传输的通用模型。在深水环境下，如果收发天线距离水面和水底的距离（d_1 和 d_2）足够大，以致反射波大大减弱，几乎可以忽略反射波的影响，则辐射源可以视为处于无界的水环境中。这种情况下，辐射情况类似于自由空间中的辐射源，只是电磁波的波长更短，并且在传播过程中会产生衰减，如图 4-3 所示。

由于深水环境直射波传播模型与自由空间传播具有较大的相似性，只是传播介质对电磁波产生影响，因此其传播损耗的计算可以参考自由空间损耗模型。

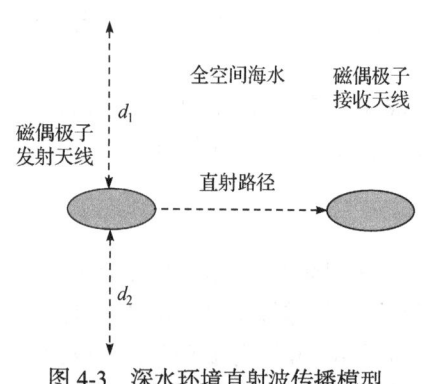

图 4-3 深水环境直射波传播模型

4.3.2 模型参数

根据电磁波传播理论，电磁波在不同介质中传播时其波长会有所不同，这与介质的性质有关。在空气中，电磁波的波长较长，而在海水中则变得很短。当水平电偶极子位于海水中时，接收点处的电磁波是由四种波叠加而成的。第一种是直达波。第二种是经过海面或海底反射的波。第三种波在到达海面时，一部分进入大气，而另一部分则在海表面传播后又返回海中，最终到达接收点。第四种波的情况类似于第三种，即源点发出的电磁波穿透海水到达海底，经海底反射后折回接收点。图4-4展示了单位水平电偶极子在海水中的传播示意图。

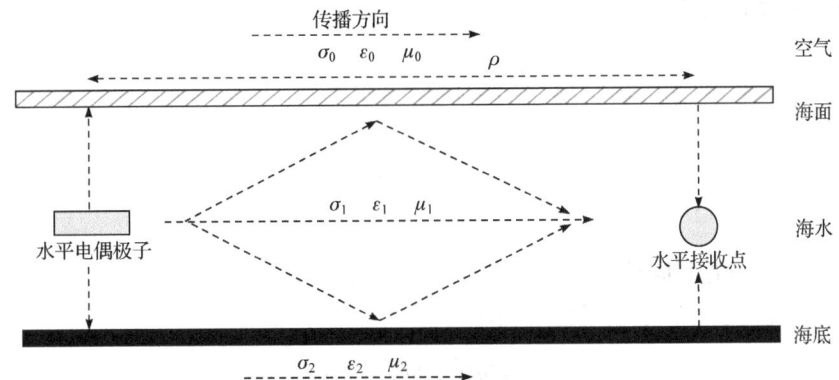

图 4-4　海水中低频场源到接收点传播示意图

以简单的水平电偶极子为发射装置，分析接收点与源点之间场强衰减与传播距离之间的关系，在较远的距离上，直达波和反射波可以忽略，因此接收点的电磁场就等于经海面反射的表面波。

当水平传播距离 ρ 满足条件 $\rho \gg d+z$，$k_1\rho \gg 1$ 时，有

$$E_\rho = -\frac{Idl\omega\mu_0}{2\pi k_1^2}\frac{k_0^2}{k_1}g(\rho,k_1,k_0)\mathrm{e}^{-\mathrm{j}[k_0\rho+k_1(d+z)]}\cos\varphi \tag{4-54}$$

$$E_\varphi = \frac{Idl\omega\mu_0}{2\pi k_1^2}\frac{k_0^2}{k_1}h(\rho,k_1,k_0)\mathrm{e}^{-\mathrm{j}[k_0\rho+k_1(d+z)]}\sin\varphi \tag{4-55}$$

$$E_z = \frac{Idl\omega\mu_0}{2\pi k_1^2}\frac{k_0^2}{k_1}f(\rho,k_1,k_0)\mathrm{e}^{-\mathrm{j}[k_0\rho+k_1(d+z)]}\cos\varphi \tag{4-56}$$

式中

$$g(\rho,k_1,k_0) = -\frac{\mathrm{j}k_0}{\rho} - \frac{1}{\rho^2} + \frac{\mathrm{j}}{k_0\rho^3} - \frac{k_0^3}{k_1}\sqrt{\frac{\pi}{k_0\rho}}\mathrm{e}^{\mathrm{j}R}S(R) \tag{4-57}$$

$$h(\rho,k_1,k_0) = \frac{2}{\rho^2} - \frac{\mathrm{j}2}{k_0\rho^3} - \mathrm{j}\frac{k_0^2}{k_1\rho}\sqrt{\frac{\pi}{k_0\rho}}\mathrm{e}^{\mathrm{j}R}S(R) \tag{4-58}$$

$$f(\rho,k_1,k_0) = -\frac{\mathrm{j}k_0}{\rho} - \frac{1}{\rho^2} - \frac{k_0^3}{k_1}\sqrt{\frac{\pi}{k_0\rho}}\mathrm{e}^{\mathrm{j}R}S(R) \tag{4-59}$$

式中，$R = \frac{\rho k_0^3}{2k_1^2}$；$S(R)$ 是 R 的菲涅尔积分，定义 $S(R) = \frac{1}{2}(1-\mathrm{j}) - f(x)R$。

再利用 Alfredo Bannos Jr 定义的三个临界距离：

$$\rho_1 = \left|k_1^{-1}\right| = \left|k_0^{-1}\left(\varepsilon_r + \mathrm{j}\frac{\sigma_1}{\omega\varepsilon_0}\right)^{-1/2}\right| \tag{4-60}$$

$$\rho_2 = k_0^{-1} = \omega^{-1}(\mu_0\varepsilon_0)^{-1/2} = c/\omega \tag{4-61}$$

$$\rho_3 = \left|\frac{k_1^2}{k_0^3}\right| = \left|k_0^{-1}\left(\varepsilon_r + \mathrm{j}\frac{\sigma_1}{\omega\varepsilon_0}\right)^{-1/2}\right| \tag{4-62}$$

但同时需要满足以下三个条件：

$$\left|\frac{k_1^2}{k_0^2}\right| = \left|\varepsilon_r + \mathrm{j}\frac{\sigma_1}{\omega\varepsilon_0}\right| \gg 1 \tag{4-63}$$

$$k_1(d+z) \ll 1 \tag{4-64}$$

$$d + z < \rho \tag{4-65}$$

综上可得，距场源不同距离时，接收点处电场简化表达式如下。

当 $5\rho_1 < \rho < \rho_2/5$ 时，近场场强可表示为

$$E_\rho \approx \frac{\mathrm{j}Idl\omega\mu_0}{2\pi k_1^2}\frac{\cos\varphi}{\rho^3}\mathrm{e}^{-\mathrm{j}[k_0\rho+k_1(d+z)]} \tag{4-66}$$

$$E_\varphi \approx -\frac{\mathrm{j}Idl\omega\mu_0}{\pi k_1^2}\frac{\sin\varphi}{\rho^3}\mathrm{e}^{-\mathrm{j}[k_0\rho+k_1(d+z)]} \tag{4-67}$$

$$E_z \approx -\frac{Idl\omega\mu_0 k_0^2}{2\pi k_1^3}\frac{\cos\varphi}{\rho^2}\mathrm{e}^{-\mathrm{j}[k_0\rho+k_1(d+z)]} \tag{4-68}$$

当 $20\rho_2 < \rho < \rho_3/5$ 时，中场场强表示为

$$E_\rho \approx -\frac{\mathrm{j}Idl\omega\mu_0 k_0^2}{2\pi k_1^3}\frac{\cos\varphi}{\rho}\left(1+\mathrm{j}\frac{k_0}{k_1}\sqrt{\frac{\mathrm{j}\pi k_0\rho}{2}}\right)\mathrm{e}^{-\mathrm{j}[k_0\rho+k_1(d+z)]} \tag{4-69}$$

$$E_\varphi \approx -\frac{Idl\omega\mu_0 k_0}{\pi k_1^3}\frac{\sin\varphi}{\rho^2}\left(1+\mathrm{j}\frac{k_0}{2k_1}\sqrt{\frac{\mathrm{j}\pi k_0\rho}{2}}\right)\mathrm{e}^{-\mathrm{j}[k_0\rho+k_1(d+z)]} \tag{4-70}$$

$$E_z \approx \frac{\mathrm{j}Idl\omega\mu_0 k_0^3}{2\pi k_1^3}\frac{\cos\varphi}{\rho}\left(1+\mathrm{j}\frac{k_0}{k_1}\sqrt{\frac{\mathrm{j}\pi k_0\rho}{2}}\right)\mathrm{e}^{-\mathrm{j}[k_0\rho+k_1(d+z)]} \tag{4-71}$$

若电磁波入射频率 f 为 100Hz，海面下深度 d 为 100m，接收点分别距离源点 100km（近场）和 5000km（中场），则水平电偶极子在海水中的中场场强比近场衰减近 10dB，且与近场传播不同的是，电磁波传播到较远中场距离时，场强的衰减变得缓慢，这主要是因为：一方面电磁波的衰减随频率的升高而增大；另一方面电偶极子的辐射也随频率升高而增大。

4.4 水下电磁通信与探测应用

4.4.1 水下电磁通信技术

水下电磁通信是一种在水下环境中利用电磁波进行数据传输的技术。与传统的声学通信相比，水下电磁通信提供更高的带宽和更低的延迟，使其成为水下通信系统的重要补充。

水下复杂的时空环境往往给实现有效的信息传输速率带来挑战，与日益增长的水下通信

需求相冲突。因此，寻找更快的无线通信技术已成为水下通信研究的中心目标。在陆地上，用于海洋通信的天线阵列通常跨越数公里。然而，海洋中的波长比在空气中短得多，允许更小的天线尺寸和实现高速通信或水下 Wi-Fi。目前，与声学通信相比，兆赫范围内的通信已经实现，展示了快速的传播速度和显著减少的延迟，在不可预测的水下条件下提供更快的响应时间和鲁棒性。电磁场还可以促进海空界面的无缝跨界通信。

此外，水下磁感应通信作为一项新兴技术，具有优越的性能潜力。该方法以磁场为载体，通过具有强电场或强磁场的特殊材料的机械振动产生电磁波，产生超低频/超低频射频信号。这种方法大大减小了长波通信设备的尺寸、重量和功耗，同时具有隐蔽性强、传输速率高等优点。在几百到几千公里的距离上，可以实现每秒几十千字节的数据速率。然而，这项技术目前处于发展的早期阶段，工程实施仍有待实现。

1. 水下电磁通信的原理

水下电磁通信利用电磁波在水中的传播特性进行信息传输。电磁波通过天线在水中传播，当接收端的天线接收到这些电磁波时，经过解调和处理即可恢复原始信息。根据频率范围，水下电磁通信可以使用低频、中频、高频和甚高频等频段。

2. 电磁波在水下传播的特性

电磁波在水下的传播受到海水的电导率、介电常数和磁导率的影响。海水的高电导率使得电磁波在水中传播时会迅速衰减，因此通信距离通常较短。低频电磁波的衰减较小，适合长距离通信，而高频电磁波的衰减较大，但可以提供更高的数据传输速率。

3. 影响因素

海水具有几个与电磁特性相关的重要参数，对电磁波在其中的传播有着不同程度的影响。其一为电导率(σ)，海水的电导率取决于其盐度和温度情况。当电导率较高时，信号衰减的速度变快，进而影响通信距离。其二是介电常数(ε)，海水的介电常数能够决定电磁波在海水中的传播速度以及折射特性，而且在不同的盐度和温度条件下，介电常数会出现相应变化，由此对电磁波的传播行为产生影响。其三为磁导率(μ)，海水的磁导率通常与空气的磁导率较为接近，一般情况下对电磁波传播的影响较小，不过在某些特殊情形下，还是需要考虑它所带来的影响。

4. 通信系统设计

在水下通信系统中，发送器和接收器是两个关键的组成部分，各自有着重要的构成及相应功能。

发送器通常由多个部分构成，其中包含信号源、调制器、功率放大器以及发送天线。信号源的作用是生成待传输的数据，调制器会把这些数据调制到载波之上，功率放大器则负责提高信号强度，而发送天线能够将电磁波发射到水中，以此开启信号的传输过程。

接收器同样有着多个组成部分，分别是接收天线、前置放大器、解调器以及信号处理单元。接收天线可捕捉到水中的电磁波，前置放大器会对所接收到的信号进行初步放大，解调器能够恢复出原始数据，信号处理单元则会进一步对数据进行处理和解析，从而完成整个接收数据的流程。

5. 关键技术

在水下通信领域，存在着几项关键技术，它们对于保障通信质量、提升通信效率等方面起着至关重要的作用。

首先是调制技术，常用的调制技术涵盖幅度调制、频率调制、相位调制以及正交频分复用等。而调制技术的选取会对通信的带宽以及抗干扰能力产生影响，合适的调制技术有助于优化通信效果。

其次为信道编码技术，它主要用于提高通信的可靠性。常用的编码方法包含前向纠错编码和卷积编码等，在恶劣的水下环境里，这些技术能够对传输错误进行纠正，从而确保数据可以准确无误地进行传输。

最后为多输入多输出技术，该技术通过在发送端和接收端同时使用多个天线，能够显著提高通信的容量以及传输速率，为水下通信的高效开展提供有力支撑。

6. 应用场景

水下电磁通信有着诸多重要的应用场景，在不同领域都发挥着关键作用。在水下传感器网络方面，水下电磁通信的应用十分广泛，其可应用于环境监测、海洋生物研究以及资源勘探等多个领域。多个传感器节点依靠电磁通信的方式相互连接，进而形成网络，以此来实时传输各类数据，为相关工作的开展提供有力的数据支撑。对于潜艇通信而言，这是水下电磁通信极为重要的一项应用。水下航行器借助电磁波能够与水面舰艇或者其他水下航行器进行通信，并且具备隐蔽性好以及抗干扰能力强的显著特点，保障了水下航行器在执行任务过程中的通信需求。而在水下机器人相关应用中，水下电磁通信也有着重要作用，它可用于对水下机器人进行控制以及监控，有力地支持了如勘探、救援、维修等水下作业的顺利开展，确保水下机器人能更好地完成相应任务。

7. 挑战与前景

水下电磁通信虽有诸多优势，却也遭遇着一系列挑战。

在信号衰减方面，由于海水对电磁波有着强烈的吸收作用，这极大地限制了通信距离。因此，迫切需要研发高效的天线以及信号增强技术，以此来克服因信号衰减而带来的通信阻碍。

多径效应也是一大挑战，海洋环境极为复杂，电磁波传播路径复杂多变，容易产生多径效应。这就要求采用先进的信号处理算法来对其进行有效处理，从而保障通信的准确性与稳定性。

再者，水下环境中存在着众多电磁干扰和噪声源，这对通信系统的抗干扰能力提出了更高的要求。通信系统需要具备更强的抗干扰能力，才能在复杂的水下电磁环境中正常运行。

尽管面临着这些挑战，然而随着新材料的不断涌现、新技术的持续研发以及新算法的逐步完善，水下电磁通信的性能正在逐步提升，其应用范围也在不断拓展。展望未来，水下电磁通信有着广阔的发展前景，有望在海洋探测、军事通信以及海底资源开发等诸多领域发挥出更为重要的作用，成为推动这些领域发展的关键力量。

4.4.2 水下电磁探测技术

水下电磁探测技术是一种通过发射和接收电磁波来探测水下环境和物体的技术。它利用电磁场与水下介质和物体之间的相互作用，获取关于海底地形、海洋资源、沉船残骸、海底管道和电缆等信息。该技术在海洋资源勘探、环境监测、军事应用和考古研究等领域具有广泛的应用。

1. 基本原理

水下电磁探测技术的基本原理是通过电磁感应现象探测水下目标。探测系统通常包括一个发射器和一个接收器。发射器发射电磁波，当电磁波遇到不同的介质时，会发生反射、折射和散射等现象。接收器捕捉这些返回的信号，通过分析信号的强度、相位和频率变化，可以推断出目标物的特性和位置。

2. 主要技术手段

在水下探测领域，存在着几种主要的技术手段，它们各有特点且发挥着重要作用。

磁测量技术是其中之一，它主要是通过测量地磁场的异常变化来实现对水下物体的探测。像铁质船体或者海底矿藏这类磁性物体，会对地磁场造成局部的扰动。而运用高灵敏度的磁力计，就能够检测到这些扰动情况，进而实现对目标的定位与识别，为了解水下物体的相关信息提供依据。

电测量技术也是常用的手段之一，它借助电磁场在不同介质中呈现出的导电特性来探测水下物体。电测量设备会在水中发射电磁脉冲，然后对返回信号的幅度和相位变化进行测量，通过分析这些变化来把握海底地层以及目标物的电性特征，以此辅助完成对水下物体的探测工作。

此外，还有电磁感应技术，该技术是通过在水中发射交变电磁场，并测量由导电物体所产生的感应电流来探测目标的。尤其在探测诸如沉船、管道以及电缆等金属物体方面，电磁感应技术展现出了非常好的效果，能帮助人们精准地发现这些目标物体的所在位置等信息。

3. 应用领域

水下电磁探测技术有着多个重要的应用领域，在不同方面都发挥着不可替代的作用。

在海洋资源勘探领域，水下电磁探测技术的应用十分广泛，像对石油、天然气以及矿产资源等的勘查工作都会用到它。借助探测海底沉积物的电磁特性，能够对这些资源的分布情况进行精准定位，为后续的开采等工作提供关键的参考依据，助力海洋资源的有效开发与利用。

对于海洋环境监测而言，该技术也有着重要用途。它可以用来监测海洋环境里存在的电磁污染情况，还能对海底管道以及电缆的状态进行监测。通过长期的监测工作，能够对环境变化情况以及管道的健康状况做出准确评估，为维护海洋生态环境以及保障海底设施正常运行贡献力量。

在军事应用方面，水下电磁探测技术同样有着突出表现。它能够用于探测和排除水雷，还可以对水下航行器以及沉船残骸进行定位。凭借高灵敏度的探测设备，即便处于复杂的环境之中，也能够精准地识别并定位目标，为军事行动等相关事宜提供有力的支持。

而在海洋考古领域，水下电磁探测技术也发挥着独特作用。其可用于发现和研究沉船、古代港口遗址以及其他水下文物，并且，它采用的是非侵入性探测手段，在探测过程中能够很好地保护文物的完整性，有助于推动海洋考古工作的顺利开展以及历史文化的深入研究。

4. 挑战与前景

水下电磁探测技术在发展进程中面临着一系列挑战，同时也有着广阔的发展前景。

在面临的挑战方面，首先是信号传输与衰减难题。海水对电磁波的强烈吸收致使电磁信号在水下传输时，其有效距离大打折扣。当进行较远距离探测时，信号强度会快速降低，使得探测设备难以接收到清晰且精确的信号，进而对目标探测的精度与可靠性产生不利影响。所以，研发高效的信号增强技术与优化信号传输手段迫在眉睫，以此来突破海水造成的严重衰减阻碍。

其次，复杂环境干扰不容小觑。海洋环境极为复杂，众多因素会干扰电磁场。海洋生物的活动、水流的不停运动、海底地形地貌的持续变化等，都会使探测信号出现无规律的波动与畸变，并且，水下存在各种各样的电磁噪声源，像其他电子设备的电磁辐射、天然的地磁变化等，这些噪声与目标信号相互交织，极大地降低了信噪比，这对探测系统的抗干扰能力提出了极高要求。探测设备必须具备强大的噪声过滤与信号提纯能力，才能在如此复杂的电磁环境里精准识别出目标信号。

再次，探测深度与分辨率的权衡颇具难度。在努力拓展探测深度时，往往难以保证高分辨率的探测效果。随着探测深度增加，电磁波传播过程中的能量损耗加剧，信号质量下降，导致对目标细节特征的分辨能力变弱。要实现两者平衡，就需要在技术上大力创新突破，例如，探索新型的探测频率与波形，改进探测器的灵敏度与数据处理算法等，从而确保在不同探测深度下都能获取较为清晰、准确的目标信息。

最后，设备小型化与集成化困境也亟待解决。随着水下探测应用场景愈发多样与精细，对探测设备小型化与集成化的需求愈发强烈。然而，水下电磁探测技术涵盖多个复杂功能模块，如发射器、接收器、信号处理单元等，要将这些模块集成到更小、更轻的设备中且性能不受影响，面临诸多技术难题。在有限空间内优化电路布局、散热设计以及保障各模块间的高效协同工作等，都是需要攻克的难题。

水下电磁探测技术的发展前景同样令人期待。从技术创新推动探测精度与效率提升来看，新型高效能发射器的研发至关重要。这类发射器能够产生更强、更稳定且具有特定频率和波形的电磁信号，在保障足够探测深度的同时，提升信号对目标物体的穿透与反射效果，并显著提高探测精度。运用新型超导材料或高功率半导体器件构建发射器，有望突破现有发射功率与效率的局限。同时，智能化数据处理算法的持续发展会给水下电磁探测带来巨大变革。借助人工智能、机器学习等先进技术，数据处理算法可自动学习与识别不同目标的电磁特征模式，对大量复杂探测数据进行快速、精准地分析处理。既能有效滤除各类干扰信号，又能从微弱目标信号中挖掘更多有用信息，进一步提升探测效率与准确性，达成对目标的智能识别与分类。

集成化探测系统也将拓展应用领域。随着电子技术与微机电系统技术的迅猛发展，集成化探测系统会成为未来水下电磁探测技术的主要发展走向。通过将多种探测功能模块高度集成在小型化设备中，如融合磁测量、电测量、电磁感应等多种探测技术为一体，形成多功能、复合型探测系统。这种集成化系统具备体积小、重量轻、操作便捷、部署容易等优势，能适应更为复杂多样的水下探测任务需求，极大拓宽了水下电磁探测技术的应用范畴。在海洋资源勘探时，可一次性完成大面积海底区域的多种资源勘查；在海洋环境监测中，能同时对电磁污染、海底管道和电缆状态等多个参数进行实时监测；在军事应用里，可构建更隐蔽高效的水下探测网络，增强对水下目标的全方位监测与快速反应能力；在海洋考古领域，也便于对不同类型水下遗址和文物进行精细探测与研究。

此外，多领域深度融合将促进其全面发展。与材料科学的深度结合会为水下电磁探测技术奠定全新物质基础。新型材料的研制与应用，像具备特殊电磁性能的复合材料、纳米材料等，可用于制造更灵敏的探测器元件、更高效的电磁屏蔽装置以及更耐腐蚀的设备外壳等。这些新材料的运用能显著提升探测设备的性能与可靠性，使其能在恶劣海洋环境中长期稳定运行，有力地推动水下电磁探测技术进步。与海洋科学、地质学等学科的交叉融合，有助于深入了解海洋环境和海底地质结构对电磁信号传播的影响规律。通过构建更精准的海洋电磁模型，结合海洋科学中的水流、温度、盐度等参数以及地质学中的地层结构、矿物质分布等信息，能够更精确地预测电磁信号在水下的传播路径与变化情形，为探测技术优化和探测结果阐释提供更有力的理论支撑。在海洋资源勘探中，依据地质模型更精准地确定潜在资源的位置与储量；在海洋环境监测时，更好地剖析电磁污染的源头与传播扩散机制；在军事应用中，利用海洋环境信息制定更合理的探测策略与战术。

总之，尽管水下电磁探测技术当下遭遇诸多挑战，但凭借相关技术的持续进步以及多领域的深度融合发展，其在未来资源开发、环境保护和科学研究等领域必将发挥更为关键的作用，拥有极为广阔的应用前景与巨大的发展潜力。

思 考 题

4.1 简要概述水下电磁噪声的分类。
4.2 水下电磁干扰分为哪几方面？要解决水下电子器件的电磁兼容问题可以采取哪些措施？
4.3 造成水下电磁波传播的多径效应的因素有哪些？
4.4 海洋中有哪些特殊的电磁波传播现象？
4.5 海水中常用的电磁波传播模型有哪些？简要介绍它们的特点。
4.6 水下电磁通信有哪些关键技术和应用场景？

第5章 海洋电磁学中的数值方法

本章介绍了数值方法在海洋电磁学中的应用及其重要性。本章首先讲述了计算电磁学的基本概念，阐明了数值分析方法的基本原理以及电磁数值计算中的基本概念和常见问题；随后，介绍了常用的数值方法，包括有限差分法、有限元法及其应用，以及矩量法(method of moments，MoM)，详细说明了这些方法在海洋电磁学中的具体应用；接着，本章通过实例展示了海洋电磁问题的数值计算过程，讨论了如何选择合适的数值方法，并通过具体实例进行详细说明；最后，本章探讨了海洋电磁计算所面临的挑战和未来的发展趋势。通过本章的学习，读者能够深入认识数值方法在海洋电磁学里所占据的重要地位，并且逐步掌握运用这些数值方法有效解决实际问题的专业能力，从而为深入探究海洋电磁学相关领域的奥秘，以及应对实际工作中的各种挑战奠定坚实的基础。

5.1 计算电磁学基本概念

5.1.1 数值分析方法的基本原理

数值分析方法是解决数学问题的一种强有力的工具，特别适用于那些无法用解析方法直接求解的问题。数值分析通过将复杂的连续问题离散化，然后利用计算机进行数值运算，得出近似解。数值分析的基本原理包括离散化、逼近与插值、迭代方法、误差分析以及数值稳定性与收敛性。下面将详细介绍这些基本原理，并结合相关的公式推导进行说明。

1. 离散化

离散化是数值分析的核心步骤之一，即将连续的物理量转化为离散的数值形式。离散化的常用方法包括有限差分法(FDM)、有限元法(FEM)和有限体积法(FVM)等。

有限差分法通过使用差分公式代替连续的微分方程来近似求解。考虑一维的偏微分方程：

$$\frac{\partial u}{\partial t} = \alpha \frac{\partial^2 u}{\partial x^2} \tag{5-1}$$

式中，α 是常数；u 是待求解的函数。将时间和空间离散化为网格点：

$$\begin{aligned} t_n &= n\Delta t \\ x_i &= i\Delta x \end{aligned} \tag{5-2}$$

则离散化后可以得到

$$\frac{u_i^{n+1} - u_i^n}{\Delta t} = \alpha \frac{u_{i+1}^n - 2u_i^n + u_{i-1}^n}{(\Delta x)^2} \tag{5-3}$$

这是一个显式的有限差分格式，可以用于求解该偏微分方程。

有限元法通过将域分割成许多小的子域(单元)，然后在每个子域内进行近似求解。例如，对于二阶微分方程：

$$-\frac{\mathrm{d}}{\mathrm{d}x}\left[k(x)\frac{\mathrm{d}u}{\mathrm{d}x}\right] = f(x) \tag{5-4}$$

首先，将区域分割成有限个单元，然后在每个单元上使用基函数展开求解：

$$u(x) \approx \sum_j u_j \phi_j(x) \tag{5-5}$$

式中，$\phi_j(x)$ 是基函数；u_j 是待求的系数。通过最小二乘法或伽辽金法，可以建立一个线性方程组求解这些系数。

有限体积法通过将积分形式的守恒方程应用于离散化的控制体积。考虑一维守恒方程：

$$\frac{\partial u}{\partial t} + \frac{\partial F(u)}{\partial x} = 0 \tag{5-6}$$

在离散化网格上积分得到

$$\frac{\mathrm{d}}{\mathrm{d}t}\int_{V_i} u \mathrm{d}V + \int_{\partial V_i} F(u)\mathrm{d}A = 0 \tag{5-7}$$

通过选择合适的数值通量，可以得到离散化的格式，进行数值求解。

2. 逼近与插值

逼近是指用简单的函数来逼近复杂的函数或数据。插值方法包括拉格朗日插值、多项式插值。

拉格朗日插值通过构造插值多项式来逼近给定的数据点。对于 $n+1$ 个数据点 (x_0, y_0), $(x_1, y_1), \cdots, (x_n, y_n)$，插值多项式可以表示为

$$P(x) = \sum_{i=0}^{n} y_i \ell_i(x) \tag{5-8}$$

式中，拉格朗日基函数 $\ell_i(x)$ 定义为

$$\ell_i(x) = \prod_{\substack{0 \leqslant j \leqslant n \\ j \neq i}} \frac{x - x_j}{x_i - x_j} \tag{5-9}$$

多项式逼近通过最小二乘法拟合多项式来逼近给定的函数或数据。假设有一组数据点 (x_i, y_i)，拟合的多项式为

$$P(x) = a_0 + a_1 x + a_2 x^2 + \cdots + a_m x^m \tag{5-10}$$

使用最小二乘法确定系数 $\{a_i\}$，使得误差平方和最小：

$$S = \sum_{i=1}^{n} \left[y_i - P(x_i)\right]^2 \tag{5-11}$$

通过求导并解方程组，可以得到系数 $\{a_i\}$。

3. 迭代方法

迭代方法是指通过反复迭代逼近问题的解；常见的迭代方法包括雅可比法(Jacobi method)、高斯-赛德尔法(Gauss-Seidel method)、共轭梯度法(conjugate gradient method)等。

雅可比法是一种简单的迭代方法，用于求解线性方程组 $Ax = b$。假设矩阵 A 可以分解为对角矩阵 D、严格下三角矩阵 L 和严格上三角矩阵 U，即

$$A = D + L + U \tag{5-12}$$

则迭代公式为

$$x^{(k+1)} = D^{-1}\left[b - (L+U)x^{(k)}\right] \tag{5-13}$$

高斯-赛德尔法是雅可比法的一种改进，通过利用最新的解更新下一步的解：

$$x_i^{(k+1)} = \frac{1}{a_{ii}}\left[b_i - \sum_{j<i} a_{ij} x_j^{(k+1)} - \sum_{j>i} a_{ij} x_j^{(k)}\right] \tag{5-14}$$

式中，a 是系数矩阵的值；b 是常数项向量；x_i、x_j 是矩阵中对应位置的数值；k、$k+1$ 是向量迭代次数。

共轭梯度法是一种用于求解对称正定矩阵线性方程组的迭代方法。通过构造共轭向量，逐步逼近最优解。迭代公式为

$$x^{(k+1)} = x^{(k)} + \alpha_k p^{(x)} \tag{5-15}$$

式中，α_k 是步长；$p^{(x)}$ 是共轭向量。

4. 误差分析

在海洋电磁学的数值方法应用中，误差分析是极为关键的环节。其中，重点在于深入探究数值解与真实解之间的差异情况。

误差的来源较为多样，首先是截断误差，它主要产生于对无穷级数进行截断或者对微分方程进行离散化处理的过程中。在采用数值算法求解海洋电磁学中的复杂方程时，常常需要将连续的函数或运算按照一定的规则进行离散化近似，这种近似处理必然会引入截断误差，其大小与所选用的离散化方法、步长等因素密切相关。泰勒级数展开时，截断高阶项产生的误差：

$$E_T = \frac{f^{(n+1)}(\xi)}{(n+1)!}(x - x_0)^{n+1} \tag{5-16}$$

舍入误差也是不可忽视的重要误差来源。由于计算机在存储和处理数据时，其字长是有限的，对于一些不能精确表示的数值，会按照特定的舍入规则进行处理，从而产生舍入误差。在涉及大量复杂运算的海洋电磁学数值计算中，舍入误差可能会随着计算步骤的增多而不断累积，最终对计算结果的准确性产生显著影响。

除了截断误差和舍入误差外，初始条件和边界条件的设定不准确也可能导致误差的产生。在海洋电磁学问题中，边界条件往往较为复杂，若对其进行简化或近似处理不当，就会使计算结果偏离真实情况。此外，模型本身的局限性，对海洋环境的某些物理特性假设不够合理，也会引发误差，这些误差因素相互交织，共同影响着数值解与真实解之间的偏差程度，因此在进行数值计算时，必须对各类误差来源进行全面、深入的分析与评估，以提高计算结果的可靠性和精确性。

5. 数值稳定性与收敛性

在海洋电磁学数值方法的研究领域中，数值稳定性与收敛性占据着举足轻重的地位，它

们是评估数值算法性能优劣的关键指标。

稳定性，其核心要义在于当算法运行过程中存在误差时，是否能够确保解的稳定性。特别是在迭代方法的应用场景下，这一特性尤为关键。这意味着在每一次迭代过程中所产生的误差，不会随着迭代次数的持续增加而出现发散的不良情况。若算法缺乏稳定性，那么即使初始误差微小，随着迭代的推进，误差也可能像滚雪球一样迅速增大，最终导致计算结果完全偏离真实解，使得整个数值计算失去意义。

收敛性所关注的是算法在迭代进程中是否能够逐步地逼近真实解。对于迭代方法而言，通常要求残差呈现出逐渐减小的趋势。残差可以理解为每一次迭代得到的近似解与真实解之间的差异度量。在理想的迭代过程中，随着迭代步骤的不断推进，算法所得到的解越来越接近真实值，残差也就相应地越来越小，当残差减小到一定程度，满足预先设定的收敛准则时，就认为算法已经收敛到了一个较为满意的近似解。只有具备良好收敛性的算法，才能够在有限的迭代次数内，以较高的精度得到接近真实解的数值结果，从而为海洋电磁学中的各种实际问题提供可靠的解决方案。

$$\lim_{k \to \infty} \left\| x^{(k)} - x^* \right\| = 0 \tag{5-17}$$

式中，x^* 是精确解；$x^{(k)}$ 是第 k 次迭代的近似解。

综上所述，数值稳定性和收敛性相互关联、相辅相成，共同决定了数值算法在海洋电磁学中的有效性和可靠性。在开发和应用数值算法时，必须对这两个指标给予高度重视，深入研究和分析算法的稳定性和收敛性特征，以确保算法能够准确、高效地解决海洋电磁学中的复杂问题。

5.1.2 电磁数值计算的基本概念

电磁数值计算作为解决电磁场方程的关键手段，在现代电磁学研究与工程应用中占据着核心地位，其涉及的基本概念和问题广泛而深入。

在电磁场的基本方程方面，麦克斯韦方程组是整个电磁学领域的基石，精确地描述了电场与磁场之间相互依存又相互制约的关系。如 2.1.3 节所述，静态场与动态场具有截然不同的特性。以静电场和静磁场为代表的静态场，其物理量不随时间产生波动，在数学描述上体现为与时间无关的泊松方程或拉普拉斯方程。在稳定的静电场环境中，电荷分布一旦确定，电场强度和电位等物理量就保持恒定。而动态场，特别是电磁波，其传播过程由波动方程刻画，在研究电磁波时，需要充分考虑时间因素对电磁场的影响，如在通信技术领域，电磁波的频率、相位等随时间的变化直接决定信号的传输特性。

边界条件与初始条件在电磁场计算中为确定唯一解提供关键依据。其中，边界条件是电磁场在不同介质或结构边界处的行为准则，规定了电磁场在跨越边界时的变化规律。在理想导体边界上，电场垂直于导体表面，磁场平行于导体表面，使导体在电磁场中具有独特的屏蔽和引导作用。在介质边界处，电场和磁场的连续性条件确保电磁场在不同介质间的过渡平滑且连续。吸收边界条件，以完全匹配层(perfectly matched layer，PML)为例，可模拟开放边界，有效阻止反射波产生，在研究电磁场在无限大空间中的传播或散射问题时极为重要，能避免反射波对原始电磁场的干扰，使计算结果更接近真实情况。初始条件记录了电磁场问题起始瞬间的电场和磁场分布状态，在时域问题中，其为整个电磁场的演化过程奠定基础，决定后续电磁场随时间的变化轨迹。

介质参数是材料与电磁场相互作用的关键因素，主要由介电常数、磁导率和电导率构成。介电常数反映材料在电场作用下的极化程度，不同材料的介电常数差异显著，在电容器中，电介质的介电常数直接影响电容大小，进而影响电路性能。磁导率描述材料对磁场的响应特性，磁性材料通常具有较高的磁导率，可增强磁场强度和分布范围。电导率决定材料传导电流的能力，金属材料因其较高的电导率成为优良的导电体，在电路传输和电磁屏蔽等方面发挥重要作用。

在电磁场数值方法应用领域，不同的数值方法各有优势。FDM 对于简单几何形状问题的求解较为有效。它通过将求解区域离散化为网格节点，利用差分近似代替微分，将电磁场方程转化为代数方程组进行求解。这种方法在处理规则几何形状的电磁场问题时，计算效率较高，且算法相对简单，易于理解和实现。FEM 擅长应对复杂几何形状和非均匀介质问题。它将求解域划分为有限个单元，通过在每个单元内假设近似解的形式，利用变分原理建立起单元节点上未知量的代数方程组。有限元法能灵活适应各种复杂的几何结构和介质分布，在工程结构的电磁场分析、生物医学电磁学等领域有着广泛应用。时域有限差分法（FDTD）专注于电磁波传播和散射问题的时域求解。它直接在时域对麦克斯韦方程组进行差分近似，将空间和时间都离散化，能够直观地模拟电磁波在空间中的传播过程，实时观察电磁场随时间的变化，在天线设计、电磁兼容分析等方面发挥重要作用。

计算域与网格划分对电磁数值计算的计算效率和精度起决定性作用。计算域是数值计算的范围，其大小和形状的选择需合理，过大将浪费计算资源，过小可能遗漏关键物理信息。例如，在研究局部电磁场问题时，若计算域过大，计算量将急剧增加且对问题求解无实质性帮助；反之，若计算域过小，可能无法准确模拟电磁场在边界处的行为，影响计算结果的准确性。网格划分是将计算域分割成小单元的过程，网格的质量直接决定计算结果的精度和稳定性。结构化网格规则且易于实现，在简单几何形状的计算域中可高效发挥作用，但面对复杂几何形状时难以适用。非结构化网格能适应复杂几何形状的挑战，在复杂物体的电磁场计算中表现出色，但因其不规则性，在实现过程中需要更多计算资源和算法设计。

最后，数值结果的验证是电磁数值计算可靠性的重要评估环节。这一过程通过对比数值解与解析解或者实验结果，检查数值方法的准确性和程序的正确性。当数值解与解析解高度吻合时，证明数值方法在理论上的可靠性；与实验结果的对比，则检验其在实际应用中的有效性。只有经过严格验证的数值方法和程序，才能在电磁学研究、工程设计等领域发挥其应有的作用，为探索电磁场的奥秘和解决实际电磁问题提供坚实的保障。

5.2 常用数值方法

常用数值方法

5.2.1 有限差分法

FDM 是一种将偏微分方程变换为代数方程以获取原边值问题近似解的数值处理方法。它历史悠久，因其简单高效在工程领域应用广泛。

1966 年，FDTD 法的提出与发展，使 FDM 成为重要的电磁分析工具，FDTD 法也成为流行的数值方法之一。FDTD 法由 K.S.Yee 在 20 世纪 60 年代提出，其核心思想是采用差分直接离散时域麦克斯韦方程。

FDTD 法具有多方面特性：在求解电磁场时基于时间步迭代，无须存储全空间电磁场信息，内存消耗小；采用立方体网格与差分算法，网格形式和算法简单，计算速度快，基于时域算法，故而特别适合"宽带问题"求解。然而，其简单立方体网格致使模型拟合精度低，对于精细结构模型的计算精度欠佳，且因基于"微分方程"，计算区域需要设置截断，所以 FDTD 法比较适合不含较多精细结构的时域问题计算。

FDTD 法通过 Yee 元胞结构对麦克斯韦方程组进行时空离散化处理，其核心特征体现在以下两个方面。

(1) 电磁场的交替采样机制。

在空间网格中，每个电场分量(E)由 4 个磁场分量(H)环绕，每个磁场分量(H)同样被 4 个电场分量(E)包围。这种交错的排列方式使得电场和磁场分量在空间上形成相互嵌套的分布结构。

(2) 时间递进求解特性。

该方法采用中心差分格式将麦克斯韦方程组离散化，建立包含时间变量的差分方程组。通过时间轴上的蛙跳式递推计算(Leapfrog 算法)，交替更新电场和磁场分量，逐步求解整个空间的电磁场分布。

这种独特的离散化方案通过构建空间上交替分布、时间上递推更新的计算体系，有效实现了对复杂电磁场问题的数值求解，该方法构建的网格体系统称为 Yee 元胞，如图 5-1 所示。

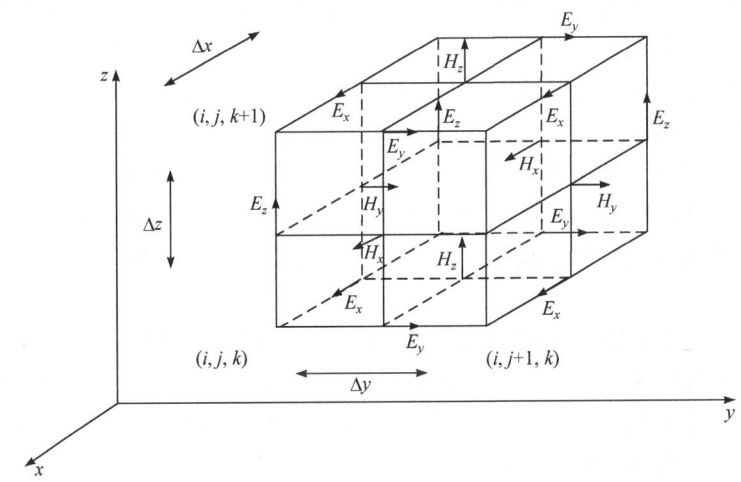

图 5-1　Yee 元胞

FDTD 法具有诸多显著特点，其在电磁学领域占据重要地位并广泛应用。它适用于分析系统谐振点附近很宽的频带响应，无论是研究各类物体在电磁波作用下的效应，像理想导体、实际金属以及绝缘物体等，还是处理具有频谱依赖性的媒质参量，如损耗介质、磁介质、各向异性媒质、铁氧体等电磁学问题，都能发挥作用。而且它能够分析任意三维形状的问题，也适用于分析任意类型的响应，包括远场和近场，像散射场、天线方向图、雷达散射截面(RCS)、表面波、电流、功率密度、穿透和内耦合等，还能应对雷电、电子脉冲、大功率微波、雷达、激光器等激励源，以及多种多样的系统，如烟雾、屏蔽或防护罩、飞机、人体、卫星、探测等。

FDTD 法有着独特的优势。其直观的物理意义是一大亮点，它通过将电磁场的空间和时间域离散化，直接求解麦克斯韦方程组的时域形式，从而能够清晰地模拟电磁波的传播、反射、折射和散射等过程，在分析复杂时变电磁场问题时极为有效。同时，它可以处理任意复杂的几何形状和非均匀介质，通用性和适应性很强。此外，FDTD 法在处理瞬态问题时效率颇高，在时域内计算能自然地模拟瞬态现象，像雷达信号、脉冲波传播等，而这些问题在频域方法中处理起来往往更复杂且耗时。并且，FDTD 法便于并行计算，借助现代计算机的多处理器架构可大幅提升计算效率。

尽管 FDTD 法有着诸多优点，但不可忽视的是它也存在一些不足之处。

其一，FDTD 法要求将计算区域细致地划分成众多小网格单元，并且空间和时间步长必须满足稳定性条件，也就是 Courant-Friedrichs-Lewy 条件。这一要求使得在处理高频或者大规模三维问题时，计算量会变得极为庞大，同时对存储的需求也相当高。在模拟一些高频通信系统或者大型的电磁散射场景时，所需的计算资源可能会超出普通计算机的承受能力。

其二，在离散化过程中产生的截断误差会对 FDTD 法的精度产生影响。特别是在面对精细结构以及高对比度介质界面的情况时，这种精度的降低更为明显。若要提高精度，往往就需要采用更密集的网格，而这无疑会进一步加大计算成本。在研究一些纳米级别的电磁结构或者生物组织中的微小器官对电磁波的响应时，要想得到较为精确的结果，就需要大量增加网格数量，从而导致计算量呈指数级上升。

总体而言，FDTD 法凭借其直观性、灵活性以及处理瞬态问题的高效性在电磁学领域占据着举足轻重的地位。然而，其较高的计算和存储需求也成为应用中的制约因素，这就要求在实际应用过程中仔细权衡精度与效率之间的关系。通过科学合理地选择网格密度以及优化计算策略，就能够在不同的应用场景中充分挖掘 FDTD 法的优势，使其更好地服务于电磁学相关研究和工程设计领域。

FDTD 法能够对海洋环境中的电磁场传播进行模拟。但由于海洋与地球介质具有特殊的导电特性，在低频地球物理勘探时，传统 FDTD 法遭遇困境。其原因在于 FDTD 法主要依靠位移电流项来使电场与磁场相互激荡，而在地球物理环境里，传导电流占据主导地位，位移电流基本可忽略不计。

以一个海洋可控源电磁法(CSEM)的 FDTD 应用为例。为解决这一难题，研究人员积极探索了子网格技术在此领域的应用。子网格技术具有很强的适应性，能够有效模拟环境的快速变化。在处理海洋 CSEM 问题时，非均匀网格剖分是常用手段。这是因为电磁场在海水中传播呈现出明显的阶段性特征，初期电磁场变化异常剧烈，随后逐渐趋于舒缓。非均匀网格剖分恰好可以契合这种变化规律，在电磁场变化剧烈的初期区域采用更精细的网格，而在后期变化舒缓的区域采用相对稀疏的网格。这样一来，不仅能够精准地模拟电磁场的传播过程，而且在模拟较大空间场景时，还能大幅减少内存占用与计算量。因为相较于均匀网格，非均匀网格避免了在整个空间都采用高精度网格所带来的巨大存储和计算资源消耗，仅在必要区域进行精细剖分，从而有效提升了计算效率并降低了资源需求，为海洋 CSEM 问题的研究提供了更具可行性和高效性的解决方案。

在 CSEM 的 FDTD 应用中，其陆海空三分模型会被分割成众多四棱柱块。具体实施步骤如下。

首先是空间剖分环节，把海底、海洋以及空气空间划分成规则的四棱柱块。鉴于初期电磁场的剧烈变化特性，采用非均匀网格来进行剖分操作。

其次是边界处理步骤，在处理海空边界时，借助空气中的磁场，运用二维傅里叶变换以及向上连续的边界条件来计算空气层中的电磁场。

最后是数值实验阶段，当模拟空间范围不大时，采用均匀网格进行计算。经实践发现，均匀网格下的模拟结果与解析结果能够很好地吻合。海洋电磁三分模型的网格剖分情况可通过图 5-2 清晰呈现。

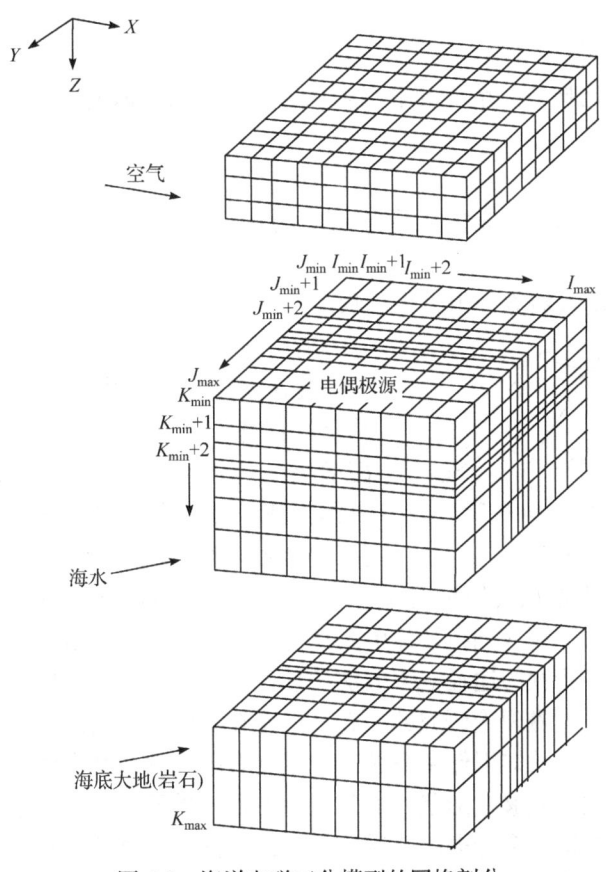

图 5-2　海洋电磁三分模型的网格剖分

通过 FDTD 法模拟海洋 CSEM，可以获得电磁场在复杂海底结构中的传播特性。使用低频高斯脉冲电流源进行数值实验，可以观察到早期和晚期电磁响应的差异。尽管在小空间模拟中均匀网格效果理想，但在大空间模拟时，非均匀网格更加高效。

5.2.2　有限元法

P. P. Silvester 在 20 世纪 60 年代末首先将 FEM 用于波导本征值问题的求解。

FEM 采用四面体网格对目标进行离散，拟合精度比 FDTD 法更高，计算精度也要明显优于 FDTD 法。但是，FEM 基于频域/微分算法，需要同时对整个区域内的电磁场信息进行求解和存储，内存消耗大，计算速度慢，计算模型的电尺寸也相对较小。FEM 主要适用于微波电路器件、天线等目标"辐射问题"的精确计算。

有限元法的基本原理是将整个问题分割成若干个小的、有限尺寸的元素，每个元素在边界上有一个确定的形状函数，并且在元素内部选择一些特定点来表示物理量的近似值。通过这样的方式，整个问题被转换成一个大规模的代数方程组，通过求解这个代数方程组获得解答。

具体地说，在应用有限元法求解实际问题时，需要进行以下步骤。

1) 建立数学模型

根据已知物理量,建立数学模型。

2) 离散化

将整个问题划分成众多的子问题,每个子问题称为单元,这些单元由节点连接形成一个系统。

3) 决定形状函数

在每个单元内部选择一些重要的节点来表示物理量的近似值,并确定单元内部物理量随空间位置的变化规律。

4) 形成矩阵方程

将所有单元相互叠加,形成整个系统,从而得到矩阵方程组。

5) 求解代数方程组

通过数值方法求解代数方程组,得到物理量的解答。

有限元法示意图如图 5-3 所示。

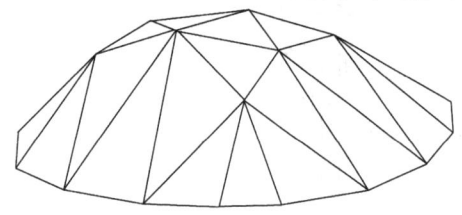

图 5-3 有限元法示意图

在海洋电磁仿真中,有限元法展现出诸多显著特点与优势。其将海洋电磁环境对应的连续体进行离散化,划分成有限个单元,并确定单元的交界节点作为离散点,由此将复杂的海洋电磁整体问题转化为对众多离散单元的研究,这为后续的仿真计算奠定了基础架构。它不遵循传统的直接从微分方程出发的思路,而是着重探究单元自身特性,这种独特视角有助于深入剖析海洋电磁环境中各局部单元的电磁特性细节,为处理复杂的海洋电磁现象提供了新颖的途径。该方法的理论基础简洁直观,所涉及的物理概念也易于理解,无论是从事海洋电磁理论研究的学者,还是在海洋工程应用中开展电磁仿真工作的技术人员,都能够依据自身的知识储备来领会并运用有限元法。其灵活性和适用性在海洋电磁仿真里体现得淋漓尽致,能够把形状、电磁特性各异的单元组合起来进行求解运算。在模拟海洋中包含不同地质结构、多种电磁介质以及复杂海洋生物群落等复杂情况的电磁环境时,有限元法可以依据各部分的特点灵活划分单元并加以组集分析,从而能够较为精准地模拟整个海洋的电磁场景,这使得它在海洋电磁仿真领域的应用范围极为广泛,涵盖了从海洋资源勘探中的电磁探测仿真,到海洋工程设施电磁防护性能评估等多方面的工作。在具体的海洋电磁仿真推导运算过程中,有限元法大量采用矩阵方法,这使得整个计算过程更加规范有序,便于借助计算机强大的运算能力进行高效的数值计算与处理,大大提高了仿真计算的效率和准确性,为海洋电磁仿真工作的开展提供了有力的技术支撑。

不过,有限元法在海洋电磁仿真应用中也并非完美无缺。由于其插值是基于网格构建的,这就需要人工花费时间去精心划分单元,在海洋电磁仿真的大尺度、复杂变化场景下,模拟深海海沟与洋脊附近强烈的电磁变化区域或者海洋锋面等电磁特性急剧变化的区域时,容易出现网格畸变问题,而这一问题的根源就在于单元插值方式。网格畸变会导致仿真结果的精确度出现较大的浮动性,其精确度受海洋电磁建模的精细程度以及边界条件、电磁载荷工况模拟的真实可靠性等多种因素的综合影响。在模拟海洋中不规则形状的电磁散射体或者具有复杂电磁特性的海洋地质构造时,可能需要反复调整建模参数和模拟条件来尽量减小网格畸变带来的影响,这无疑增加了海洋电磁仿真工作的复杂性和不确定性。但总体而言,有限元法凭借其诸多优势,仍然是海洋电磁仿真领域不可或缺的重要工具,在推动海洋电磁相关研究和工程应用发展方面有着不可替代的作用。

5.2.3 矩量法

矩量法(MoM)有着独特的发展历程与特点。20 世纪 60 年代初，K.K.Mei 率先将其应用于二维散射问题的求解，随后基于此发展而来的多层快速多极子算法(MLFMM)显著提升了 MoM 的计算效率。

MoM 有着鲜明的特性。它借助"场-源关系"，巧妙地把"场"的求解转化为"源"的求解问题。其所采用的基函数"格林函数"具备天然满足辐射条件的优势，这样就无须设置截断，从而保障了较高的计算精度。在矩阵计算方面，采用直接计算的方式，不存在收敛性问题。而且，由于其网格剖分仅局限于目标体表面或内部，因此未知量数目大幅减少，矩阵规模相较于 FDTD 和 FEM 更小。然而，该算法也存在一定局限性，因为"源"之间普遍存在耦合，所以矩阵为"稠密"矩阵，这导致计算复杂度增大，计算速度变慢。总体而言，MoM 主要适用于含有精细结构的电小尺寸目标"散射问题"的精确计算。

MoM 理论主要涵盖两个重要部分。其一是矩量法支撑理论，其中包含"格林函数""源-场关系""等效原理"这三个子理论，正是这些子理论奠定了 MoM 与众不同的基础，使其在众多算法中独树一帜。其二是矩量法计算理论，主要包含四个关键步骤，即建立支配方程、离散、匹配以及矩阵求解，从求解过程来看，这与 FEM 或 FDTD 法并没有显著差异，但在具体的实现细节和算法特性上却有着自身独特之处，这些特性共同决定了 MoM 在特定电磁问题求解中的地位和作用，使其在电磁学相关研究与工程应用领域中成为一种重要的数值计算方法。

矩量法的本质是数值拟合，对于如下形式的问题：

$$Lf = g \tag{5-18}$$

式中，L 为线性算子；f 为未知函数；g 为已知函数；求使得 $|g - Lf|$ 最小的 f。

这本质上是一个泛函问题，矩量法的求解思路是：将未知函数 f 在一组已知的基函数 $\{f_n\}$ 空间上展开，即

$$f = \sum_{n=1}^{N} a_n f_n \tag{5-19}$$

这样待求量就从函数 f 转化成 N 个未知量 a_n。将式(5-19)代入原问题得

$$\sum_{n=1}^{N} a_n f_n N = g \tag{5-20}$$

引入检验函数 $w_m (m = 1 \sim N)$ 后，在式(5-20)两边同时对 w_m 做内积，这个内积就称作为矩量，即在空间基函数上的分量。式(5-20)变为

$$\sum_{n=1}^{N} a_n <w_m, Lf> = <w_m, g>, \quad m = 1 : N \tag{5-21}$$

写为矩阵形式后求原问题的解。

在海洋电磁仿真领域，MoM 展现出了一系列独特的应用特性，既有显著的优势，也存在不可忽视的不足。

从应用优势来看，MoM 直接求解积分方程的特性使其在处理海洋电磁环境中的复杂结

构与边界条件时具备高精度的优势。海洋环境极为复杂多样，包含着不规则的海底地形、多种不同性质的海洋介质以及各类人工或自然形成的复杂物体。在模拟海底山脉、海沟等复杂地貌对电磁场传播的影响时，MoM 能够精确地考虑这些地貌的形状细节以及它们与周围海水、大气等介质之间的电磁相互作用，从而准确地计算出电磁场在这些区域的分布情况。其对任意复杂形状导体和介质结构的处理能力，以及灵活的基函数与测试函数选择，使其能够很好地适应海洋中丰富的介质种类和复杂的物体形状。在研究海洋生物对电磁场的散射特性时，可以依据生物的独特外形和内部组织的电磁特性灵活设定函数，进而精确地分析电磁场与生物之间的相互作用机制，为海洋生物电磁学研究提供有力支持。此外，基于严格数学理论的积分方程求解方式，让 MoM 所得结果的物理意义清晰明确，在分析海洋中电磁波的传播路径、反射和折射现象以及不同介质界面的电磁耦合等复杂过程时，能够提供高度精确的数值解，有助于深入探究海洋电磁现象的内在规律。

然而，MoM 在海洋电磁仿真应用中也面临诸多挑战。其计算量庞大且对存储需求极高是较为突出的问题。海洋电磁仿真通常涉及广阔的空间范围和大量的电磁源与散射体，MoM 需要计算和存储完整的矩阵，这使得在大规模海洋电磁场景的仿真中，计算资源的消耗极为巨大。当对整个大洋区域或者大面积的近海海域进行电磁环境模拟时，所需处理的数据量可能达到海量级别，普通计算机系统根本无法承受如此巨大的计算负荷和存储压力，即使采用高性能计算设备，也需要精心规划和调配资源才能勉强运行。在内存需求方面，由于必须存储完整的系数矩阵，在处理三维海洋电磁问题时，尤其是面对深海中的复杂三维结构，如海底火山群、深海热液喷口区域等，内存的占用会迅速飙升。这种高内存需求严重限制了 MoM 在大规模三维海洋电磁仿真中的应用范围，常常导致仿真进程因内存不足而中断或者运行效率极其低下。再者，在处理海洋环境中的复杂结构时，MoM 的实现和计算过程较为复杂且耗时长久。像模拟大面积的珊瑚礁群、海底沉船遗址等复杂结构对电磁场的影响时，构建模型和进行计算可能需要耗费大量的时间，这对于一些对时效性要求较高的海洋电磁研究项目，如海洋灾害预警中的电磁监测、海洋工程建设中的电磁兼容性快速评估等，无疑是一个较大的阻碍，可能会影响到相关决策和工作的及时推进。

5.3　海洋电磁问题的数值计算实例

5.3.1　选择数值方法

在海洋电磁学领域，数值计算问题的有效解决高度依赖于恰当数值方法的精准选取。由于不同数值方法各具独特特性，其适用的电磁场问题类型也存在显著差异。故而在抉择时，必须全面综合多方面关键因素，以此实现精度、效率以及计算资源三者之间的理想平衡。

1. 问题的几何形状

针对如矩形、圆形或球形这类简单规则几何形状的电磁场问题，FDM 无疑是首选方案。FDM 通过将连续微分方程离散化为差分方程，并基于规则网格实施计算。鉴于其算法简洁且计算效率颇为突出，在处理此类几何形状的问题时能够取得显著成效。在对规则形状的海洋电磁传感器周边电磁场分布进行模拟时，FDM 能够迅速得出精确结果，极大地提升了计算效率。

当面对不规则的海底地形或者复杂海洋结构等复杂几何形状时，FEM 与 MoM 则展现出更为卓越的适用性。FEM 的运作原理是将计算域细致地划分为众多小的有限单元，并在每个单元上巧妙运用基函数展开近似求解；而 MoM 则是把连续的电磁场问题巧妙地转化为离散的积分方程，进而对这些积分方程进行求解。尤其在处理开域问题以及大规模散射问题时，MoM 的优势得以淋漓尽致地彰显。在深入研究海底山脉对电磁波散射特性的过程中，FEM 或者 MoM 能够精准地处理由山脉不规则形状所引发的复杂电磁状况，从而为精确分析提供坚实保障。

2. 材料特性和边界条件

倘若电磁场问题涉及均匀介质，也就是介电常数和磁导率在整个计算域内始终保持恒定，那么 FDM 便成为一种行之有效的选择。这主要归因于其实现过程相对简便易行。例如，在针对大面积均匀海水区域开展电磁模拟工作时，FDM 能够高效且准确地完成计算任务，显著降低了计算的复杂程度。

对于非均匀介质以及复杂边界情形，FEM 和 MoM 则表现出更为强劲的适应性。FEM 具备出色的能力来妥善处理材料参数在空间上发生变化的情况，其通过灵活多变的网格划分策略以及巧妙的基函数选择，能够极为精准地描述非均匀介质内部的电磁场分布状况；MoM 则在处理开域问题以及具有复杂边界条件的电磁场问题方面独具专长，它借助将问题转化为边界积分方程的独特方式，实现对边界上电磁场分布的精确求解。在模拟海洋与海底不同地质层相互交界面处的电磁现象时，FEM 和 MoM 能够充分发挥各自的优势，有效地处理这一复杂场景下的电磁问题，为深入探究提供有力支持。

3. 精度要求

当电磁场问题对精度的要求处于中等水平时，FDM 通常能够较好地满足实际需求。这主要得益于其较高的计算效率，使其能够快速且有效地求解中等精度要求的电磁场问题。在一些对精度敏感度相对较低的海洋电磁初步分析场景中，对海洋电磁环境的大致评估或者初步探测，FDM 能够以较快的速度提供具有一定参考价值的结果，为后续进一步深入分析奠定基础。

而对于那些对精度有着严苛要求、需要高精度求解的电磁场问题，FEM 和 MoM 则无疑是更为理想的选择。这两种方法凭借精细的网格划分技术以及高阶基函数的巧妙运用，能够提供更为卓越的计算精度。在诸如海洋电磁精密探测场景中，旨在精准确定海洋中微小目标体的电磁特性，或者在高精度电磁兼容性分析场景中，要求精确评估海洋电磁设备之间相互干扰的程度等，FEM 和 MoM 发挥着不可或缺的关键作用，能够为这些高精度需求的场景提供高度可靠且精确的计算结果。

4. 计算资源

在计算资源相对有限的情况下，FDM 因其在规则网格上展现出的较高计算效率而成为合理的优先选择。它能够在较短的时间周期内成功得出计算结果。在一些便携式海洋电磁检测设备中，由于受到设备自身计算能力的显著限制，FDM 凭借其高效的计算特性能够在有限资源条件下有效地运行，为现场快速检测提供了可能，确保设备在资源受限的环境下仍能正常发挥电磁检测功能。

若计算资源较为充足，FEM 和 MoM 则能够充分利用丰富的计算资源来实现更高水平的精度提升，并且，通过并行计算技术以及优化算法的有效应用，还能够进一步显著提高这两种方法的计算效率。在大型海洋电磁研究项目中，对广阔海洋区域进行全面且深入的电磁特性综合研究，当拥有高性能计算集群提供强大的计算资源支持时，FEM 和 MoM 能够充分施展其优势，对复杂的海洋电磁问题进行高精度、高效率的求解，从而为大规模海洋电磁研究提供有力的技术保障。

5. 瞬态与稳态问题

对于诸如电磁波传播和散射等瞬态问题的处理，FDM 中的 FDTD 法展现出了极为出色的适配性。FDTD 法通过在时域进行离散化处理，能够直接且生动地模拟电磁波随时间推移的传播全过程。在对海洋中电磁波脉冲传播特性展开深入研究时，FDTD 法能够以直观的方式精准展现电磁波在海洋介质中传播时的细节变化，包括传播路径、衰减情况以及散射效应等多方面关键信息，为深入理解海洋中的瞬态电磁现象提供了强有力的工具。

针对稳态问题，如静电场和静磁场，FEM 和 MoM 均具备处理能力，其中 FEM 在面对复杂材料和几何形状的稳态问题时表现更为优异。它借助精细的网格划分以及高阶基函数的有效运用，能够精确地求解稳态电磁场问题。在对海洋中稳定存在的电磁感应现象进行研究时，FEM 能够通过构建精细的计算模型，精准地计算出电磁感应强度、方向以及分布情况等关键参数，为深入探究海洋中的稳态电磁现象提供了可靠的技术手段。

在实际进行数值方法选择的过程中，务必要全面综合考量上述各类因素。对于简单几何形状且介质均匀的问题，优先选用 FDM 有助于大幅提升计算效率；而在处理复杂几何形状且介质非均匀的问题时，FEM 或 MoM 则可能是更为明智的选择，能够有效保障计算精度，并且，在具体的海洋电磁学应用实践中，通常还需要开展数值实验并进行细致的比较分析。通过模拟不同数值方法在特定问题中的实际表现，从而最终确定最为适合的数值方法。如此一来，不仅能够显著提高计算效率，同时还能够切实确保计算结果的准确性与可靠性，为海洋电磁学相关研究、应用以及工程实践提供坚实的数值计算基础。

5.3.2 实例介绍及讨论

1. 海平面粗糙目标的电磁辐射仿真

在对海洋相关现象的研究中，海面的特性描述是重要部分。海面通常可看作由无数个具有不同振幅、频率、方向以及杂乱相位的海浪波所构成的随机过程。而海谱作为功率谱，其主要作用在于表征海浪能量相对于组成波的各空间频率或者空间波数的分布状况。鉴于将海浪视为随机过程，并借助海谱来对其进行描述已然成为主要的研究路径，所以确定海谱的具体形式也就成为研究随机海浪的关键内容。

在 3.1.3 节中，已经对一些海谱的理论模型有所介绍，而在本节当中，将会进一步补充几种极为重要的海谱类型。海谱能够划分为重力波谱与张力波谱这两大类别。从众多学者的研究成果来看，目前已经提出了形式多样的海谱模型。其中，P-M 谱属于较为经典并且应用范围广泛的重力波谱；A. K. Fung 的半经验海谱是最早出现的完全海谱，其涵盖了重力波与张力波，依据该谱模型所计算得出的散射结果和实际测量值能够实现较好地吻合；D-B-J 谱则是一种全新的完全海谱，此海谱的优势在于能够有效地区分顺风与逆风的不同情形；

JONSWAP 谱属于非稳态海谱，在国际上被认定为标准海洋谱。接下来，将会对这几种典型海谱展开详细的介绍与阐述，以便深入探究不同海谱在海洋研究中的独特意义与价值，为进一步理解海洋的波动特性以及相关海洋现象奠定坚实的基础。

1) P-M 谱

P-M 谱是一种无限风区的海浪谱，根据北大西洋的实测资料，通过筛选而得到，其表达式为

$$S(\omega) = \frac{ag^2}{\omega^5} \exp\left[-\beta\left(\frac{g}{U\omega}\right)^4\right] \tag{5-22}$$

式中，无因次常数 $a = 8.1 \times 10^{-1}$，$\beta = 0.74$；g 为重力加速度；U 为海面上 19.5m 高处的风速，如不做特别说明，后面 U 的定义与此相同。由 $\frac{\partial S(\omega)}{\partial \omega} = 0$，可求得谱峰频率为 $\omega_m = 8.565/U$。

2) A. K. Fung 的半经验海谱

A. K. Fung 的半经验海谱是一种完全海谱，它建立在 P-M 波谱与 W. J. Pierson 提出的张力波谱的基础上，其表达式为

$$S(k) = \begin{cases} S_1(k), & k < 0.04 \text{rad/cm} \\ S_2(k), & k \geq 0.04 \text{rad/cm} \end{cases} \tag{5-23}$$

式中，$S_1(k)$ 为 P-M 波谱，其表达式为

$$S_1(k) = \frac{a_0}{k^3} \exp\left(\frac{-bg^2}{k^2 U^4}\right) \tag{5-24}$$

$S_2(k)$ 为 W. J. Pierson 的张力波谱，其表达式为

$$S_2(k) = 0.875(2\pi)^{p-1}\left(1 + \frac{3k^2}{k_m^2}\right)g^{(1-p)/2}\left[k\left(1 + \frac{k^2}{k_m^2}\right)\right]^{-(p+1)/2} \tag{5-25}$$

式中，$k_m = 3.63 \text{rad/cm}$；$g = 981 \text{cm/s}^2$；$a_0 = 0.0014$；$b = 0.74$；$p = 5 - \log_{10}(U_f)$，U_f 是摩擦风速，单位为 cm/s。

3) D-B-J 谱

D-B-J 谱是由 J.R.Apel 在 1994 年提出的，其解析式为

$$\psi_{eq}(k,\theta) = \psi(k)D(k,\theta) = A \cdot L_0 \cdot J_p \cdot k^{-4} \cdot H_i \cdot D(k,\theta) \tag{5-26}$$

式中，$A = 0.00195$。

$$L_0 = \exp\left[-\left(k_p/k\right)^2\right] \tag{5-27}$$

$$J_p = 1.7 \exp\left[-\left(k^{1/2} - k_p^{1/2}\right)^2 \Big/ (0.32 k_p)\right] \tag{5-28}$$

$$H_i = A \cdot \left\{\frac{1}{1+(k/100)^2} + S \cdot 0.8 \cdot k \cdot \text{sech}\left[(k-400)/450\right] \cdot \exp\left[-(k/6283)^2\right]\right\} \tag{5-29}$$

$$S = \exp\left(\left\{-4.95 + 3.45\left[1 - \exp\left(-\frac{U}{407}\right)\right]\right\}\ln 10\right) \tag{5-30}$$

$$D(k,\theta) = \exp\left\{-\theta^2 \cdot \left[0.14 + 5.0\left(\frac{k}{k_p}\right)^{-1.3}\right]\right\} \tag{5-31}$$

以上各式中，k_p 是谱峰所对应的 k 值，它与风速 U 之间的关系为

$$k_p = \frac{g}{\sqrt{2} \cdot U^2}, \quad g = 9.81\text{m/s} \tag{5-32}$$

4）JONSWAP 谱

前述海谱都假设海面达到稳态，海谱与风速唯一相关，这仅为理想条件，事实并非如此。JONSWAP 谱引入了一些其他参数，可用来描述非稳态海面，其频谱表达式为

$$S(\omega) = ag^2 \frac{1}{\omega^5} \exp\left[-\frac{5}{4}\left(\frac{\omega_0}{\omega}\right)^4\right] \cdot \gamma \exp\left[-\frac{(\omega - \omega_0)^2}{2\sigma^2 \omega_0^2}\right] \tag{5-33}$$

式中，g 为重力加速度；ω_0 为峰频率；γ 为峰升高因子，其定义为 $\gamma = \frac{E_{\max}}{E_{\max}^{\text{PM}}}$，$E_{\max}$ 为谱峰值，$E_{\max}^{\text{PM}}$ 为 P-M 谱的峰值（γ 的观测值介于 1.5～6，平均值为 3.3）；σ 称为峰形参数，其值为 $\sigma = \begin{cases} 0.07, & \omega < \omega_0 \\ 0.09, & \omega \geq \omega_0 \end{cases}$，无因次常数 $\alpha = 0.076 \tilde{x}^{-0.22}$；无因次风区 $\tilde{x} = gx/u_{10}^2$（x 为风区，u_{10} 为 10m 高处的风速），且 $\tilde{x} \in (0.1, 10^5)$；无因次峰频率 $\tilde{\omega} = u_{10}\omega_0/g = 22\hat{x}^{-0.33}$（$\hat{x}$ 为无因次风区）。

既然已经知道了上述海谱公式，就可以根据实际需要在 MATLAB 中编写代码，完成粗糙海平面的建模。基于 MATLAB 建立海面模型并导入 Altair FEKO 软件开展海面电磁仿真。

基于典型海谱数学模型编写的 MATLAB 代码，可以实现不同的海谱函数、风速、海面尺寸、采样密度等参量下的海面 STL 格式模型生成。然后，在 CADFEKO 界面下，以网格文件的形式从 import/mesh 导入口导入 STL 格式海面模型。之后，进一步在 CADFEKO 的 media 里面自定义介质——海水（介电常数取值参考典型的双 Debye 模型），并将其赋予海面几何模型。

2. 海面散射仿真分析

在对粗糙海面电磁散射特性展开研究时，通常会从雷达散射截面（radar cross-section，RCS）以及散射系数这两个角度切入。对于海洋遥感领域而言，海面的散射系数与海面风速、风向等参数之间存在着紧密的关联。雷达散射截面本质上是一个等效面积的概念，其主要用途是度量雷达目标对照射电磁波的散射能力，属于一个极为关键的物理量。

在研究过程中，往往会假定平面电磁波照射下的目标具备各向同性的特质。基于这样的假设前提，目标所散射的电磁能量便等同于入射功率密度与目标的等效面积两者之间的乘积。当发射机和接收机满足远场条件时，入射波能够近似看作平面波，而此时这种平面波的入射能量密度则可按照特定的物理公式与理论进行计算与分析。设入射能量密度为

$$W_i = \frac{1}{2} \boldsymbol{E}_i \times \boldsymbol{H}_i^* = \frac{|\boldsymbol{E}_i^2|}{2\eta_0} \tag{5-34}$$

式中，E_i 为入射波的电场强度；H_i 为入射波的磁场强度；$\eta_0 = 377\Omega$。假设入射功率是各向同性地以球面波的形式向外散射，目标接收的功率为入射功率与目标等效面积 σ 的乘积，即

$$P = \sigma |W_i| = \frac{\sigma}{2\eta_0}|E_i|^2 \tag{5-35}$$

距离目标 R 的散射功率密度为

$$|W_s| = \frac{P}{4\pi R^2} = \frac{\sigma |E_i|}{8\pi \eta_0 R^2} = \frac{1}{2\eta_0}|E_s| \tag{5-36}$$

式中，E_s 是散射电场强度。由式(5-35)和式(5-36)可得

$$\sigma = 4\pi R^2 \frac{|E_s|^2}{|E_i|^2} \tag{5-37}$$

对于海面、大地、沙漠这种扩展目标散射体，因其面积不确定，不能使用 RCS 来表述它的目标散射回波。图 5-4 是粗糙海面电磁散射的示意图，海面对入射波向各个方向散射。

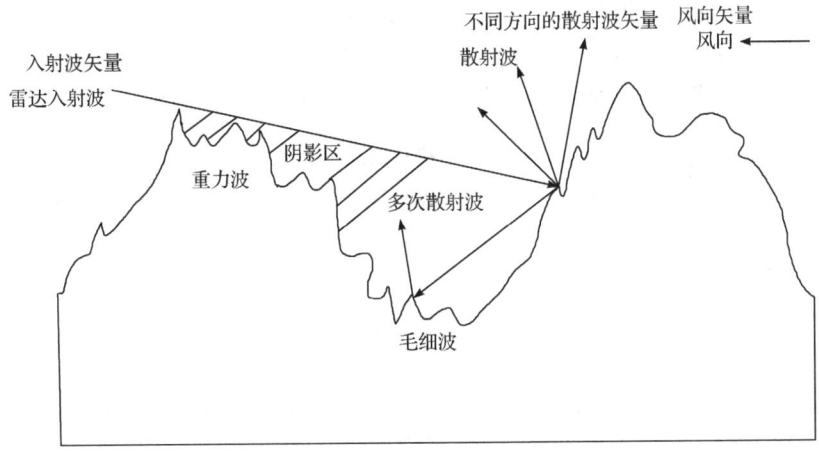

图 5-4　粗糙海面电磁散射示意图

此时，目标的散射特性可以看作单位雷达分辨单元 ds 上的回波散射功率，称为雷达散射系数或归一化的雷达散射截面，记为 σ_0，无量纲。在远场条件下，接收功率可由雷达方程推出：

$$P_r = P_t G_t \cdot \frac{1}{4\pi r_t^2} \cdot \sigma_0 \frac{1}{4\pi r_r^2} \cdot \frac{G_r \lambda^2}{4\pi} \tag{5-38}$$

式中，P_t 为发射机功率；P_r 为接收机功率；λ 为雷达工作的波长；G_t、G_r 分别为发射和接收天线的增益。式(5-38)的微分形式为

$$dP_r = \frac{P_t G_t G_r \lambda^2 \sigma_0}{(4\pi)^3 r_t^2 r_r^2} ds \tag{5-39}$$

因此，在入射波照射面积 A_0 上的总散射功率为各个 ds 上的积分：

$$P_r = \iint_{A_0} \frac{P_t G_t G_r \lambda^2 \sigma_0}{(4\pi)^3 r_t^2 r_r^2} ds \tag{5-40}$$

综合式(5-37)和式(5-40)，远场条件下的 σ_0 可写为

$$\sigma_0 = \frac{\langle \sigma \rangle}{A_0} = 4\pi \lim_{R \to \infty} R^2 \frac{\langle |E_s|^2 \rangle}{A_0 |E_i|^2} \tag{5-41}$$

式中，⟨ ⟩表示取平均。散射系数反映了散射能量和入射能量的关系，是描述海面、大地、沙漠等扩展目标电磁特性的主要物理量。

解析近似方法常用来计算粗糙面的散射系数，经典的近似方法主要有三种：Kirchhoff 近似模型适用于海情级别低、海面表面比较平坦、对精度要求不高的情况，其忽略了高次散射项的贡献和由海面结构造成的遮蔽，只把一次散射纳入了计算范围，只适用于小角度入射；微扰法(small perturbation method, SPM)适用于入射波长远大于海面表面高度起伏的情况，可以用于大角度入射；小斜率近似(small slope approximation, SSA)方法是由 Vladimir Voronovich 在 20 世纪 90 年代提出的近似方法，将表面斜率级数展开，取不同阶得到各阶小斜率近似，一阶小斜率近似就是取一阶级数展开，SSA 方法是一种比较精确的近似方法，对表面的高度起伏没有限制，适用于均方根斜率较小的粗糙面，便于研究海面的掠入射问题。

表 5-1 是国际上通用的道格拉斯海况等级(Douglas scale)，它给出了不同海况等级的描述和各海况所对应的风速。kn 表示节，是风速单位，1kn = 0.514m/s。选用 P-M 海浪谱，利用双线性叠加法生成某级海况对应风速的海面，即该级海况的海面模型。

表 5-1 道格拉斯海况等级

海况等级	描述	风速/kn
0	静止	0
1	平稳	3
2	轻微	9
3	温和	13.5
4	起伏	17.5
5	起伏明显	22.5
6	大浪	27.5
7	巨浪	40

使用双线性叠加法根据不同风速生成不同的海面后，还应该检验相应等级海面的平均浪高是否符合是表 5-2 列出的国际标准海况等级同浪高范围的对应关系，当有不符合时，对线性滤波法中的角度数和频谱数进行调节，直到符合。将生成的三维海面数据导入 CATIA 软件，其可以将网格铺平，能够模拟出具有厚度的平滑的海面 CAD 模型，供后续电磁仿真软件使用。随着海况等级的增高，海浪起伏越来越剧烈，这是由风速的增加造成的。

表 5-2 国际标准海况等级

海况等级	描述	浪高范围/m
1	微浪	0～0.1
2	小浪	0.1～0.5
3	轻浪	0.5～1.25

续表

海况等级	描述	浪高范围/m
4	中浪	1.25~2.5
5	大浪	2.5~4
6	巨浪	4~6

在分析粗糙海面电磁散射相关问题时，专业的电磁仿真软件发挥着重要作用。这类软件通常基于多种算法来开展仿真工作，其中包含数值算法中的 MoM，以及高频近似算法里的物理光学法（PO）、几何绕射理论（GTD）和物理绕射理论（PTD）等。

在利用这些软件进行仿真操作时，有一套规范的流程。首先，要对 CAD 模型实施网格划分，这一步骤相当关键，它能够将复杂的模型离散化，为后续的计算分析奠定基础。接着，依据电磁波的具体频率来合理设置海面的介质特性常数，以此准确体现海面在相应电磁环境下的物理特性。随后，还需要对入射电磁波以及观察位置等相关信息进行细致设置，只有这样，才能完整地构建起电磁散射的仿真场景。

图 5-5 所展示的便是二维海面电磁散射几何示意图，通过该示意图，能够更加直观地呈现出在二维情况下，海面与入射电磁波以及散射电磁波等要素之间的几何关系，有助于进一步理解粗糙海面电磁散射的原理和过程，辅助研究人员更好地运用电磁仿真软件进行相关分析和研究工作。

典型海况条件下，入射角为 0°时，雷达波近似垂直入射时，海面雷达回波最大，此时雷达接收的海面散射能量以镜面反射为主。随着入射角度的增大，雷达逐渐偏离镜面反射的区域，接收到的能量来自散射，且角度越大，能被天线接收到的散射能量越小，海面雷达回波逐渐减弱。不同极化方式对于海面散射回波也有影响。

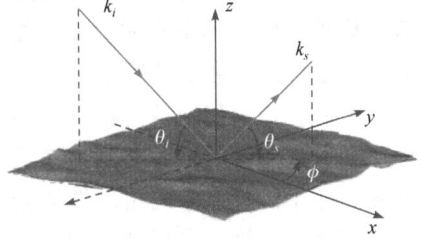

图 5-5 二维海面电磁散射几何示意图

5.4 海洋电磁计算的挑战与发展趋势

5.4.1 面临的主要技术挑战

在海洋电磁计算研究与应用这一充满机遇与挑战的前沿领域，伴随着对海洋资源勘探、海洋环境监测、海上通信等多方面应用需求的日益增长，所面临的诸多主要技术挑战也愈发凸显且亟待解决。这些挑战犹如一道道关卡，横亘在科研人员与技术开发者面前，不仅考验着他们的智慧与创造力，更对现有的科学技术水平提出了严峻的考验，从复杂环境的建模与模拟，到大规模计算需求的应对，从数据获取与处理的艰难，到低频电磁波模拟的困境，再到数值稳定性与精度的平衡难题，每一个方面都需要深入探索与创新突破，才能推动海洋电磁计算领域向着更高的水平发展迈进。

首先是复杂环境的建模与模拟方面。海底呈现出极为复杂多样的地质结构，像沉积层、岩层以及断层等，要想对这些结构进行精确建模，不仅需要获取高分辨率的数据，还得依靠先进的数值方法才能得以实现。而海洋介质的非均匀性同样不容忽视，海水与海底介质在导电率和磁导率上存在着空间变化，如何精准地模拟这种非均匀特性成为一项重要挑战，因为这需要对海洋介质的物理特性有极为深入的理解，并能够将其准确地转化为数学模型与数值算法中的参数。

大规模计算需求也给海洋电磁计算带来了巨大压力。在处理海洋电磁问题时，往往需要构建大规模的三维模型，其中涉及海量的网格以及众多的时间步长，由此产生的对计算资源和内存的需求极为巨大，普通的计算设备根本难以承受。所以，高效的算法以及并行计算技术成为提高计算效率的关键所在，特别是在诸如实时处理和在线监测等对时效性要求较高的应用场景中，计算效率的提升显得尤为迫切。

数据获取与处理同样是一大难题。在海洋环境里，数据采集面临着重重困难，由于受到水深、海流以及气象条件等多种因素的影响，要获取高质量的数据，必须依赖先进的传感技术以及稳定可靠的测量设备。而且，采集到的海量数据的存储、传输和处理也对数据处理技术提出了很高的要求，需要借助高效的数据处理算法以及大数据分析方法，才能够从这些海量数据中提取出有价值的信息，为海洋电磁学研究与应用提供有力支撑。

低频电磁波的模拟也是一个棘手的问题。在地球物理勘探过程中，低频电磁波的模拟会面临传导电流主导的情况，传统的 FDTD 法在这种情形下，效率和准确性都会受到较大限制，需要探索新的方法或对现有方法进行改进优化，以适应低频电磁波模拟的特殊需求。同时，海洋电磁计算还需要处理复杂的边界条件，如海底与海水、海水与空气的边界，如何精确地模拟这些边界条件成为一个技术难题，因为边界处的电磁场变化往往较为复杂，需要精确的数学描述和数值处理手段。

最后，数值稳定性与精度方面也存在挑战。在时域数值计算时，如何维持数值稳定性是一个至关重要的问题，尤其是在长时间模拟以及大规模计算的情况下，数值稳定性一旦出现问题，整个计算结果的可靠性就会大打折扣。并且，要确保获得高精度的计算结果，就需要进行精细的网格划分以及采用高阶差分方法，但这无疑会进一步增加计算量和资源需求，如何在保证精度的同时，合理控制计算量和资源消耗，成为需要权衡和解决的关键问题。

5.4.2 发展趋势介绍与预测

在当今科技迅猛发展的大背景下，海洋电磁计算展现出了一系列令人瞩目的发展趋势，这些趋势不仅将深刻影响该领域的未来走向，还将为众多相关应用带来全新的机遇与变革。

首先，高性能计算与并行处理成为推动海洋电磁计算迈向新高度的关键驱动力。在 GPU 和多核处理器方面，随着其性能的不断提升以及相关编程技术的日益成熟，利用它们进行并行计算已被证明能够显著提高计算速度。在处理大规模海洋电磁计算任务时，这种加速效果尤为明显，能够有效地满足其对海量计算资源的迫切需求。而分布式计算技术的应用更是如虎添翼，通过将复杂的计算任务合理地分配到多个节点上并行处理，能够进一步全方位地提升计算效率，使得原本耗时漫长的计算过程得以大幅缩短，为海洋电磁计算在实际应用中的时效性提供了坚实保障。

先进数值方法的创新与应用同样是海洋电磁计算发展的重要方向。自适应网格技术的出现为提高计算效率和精度开辟了新途径，它能够依据计算区域内电磁场变化的复杂程度自动且智能地调整网格密度。在电磁场变化剧烈的区域，细密的网格能够精准地捕捉到细微的电磁变化；而在相对平稳的区域，则采用相对稀疏的网格，避免了不必要的计算资源浪费，从而实现了计算资源的优化配置与高效利用。高阶数值方法，如高阶差分方法和高阶基函数的运用，则侧重于从数值计算的核心环节提升精度，通过减少数值误差，使得计算结果更加可靠、精确，为海洋电磁计算在高精度要求领域的应用奠定了坚实基础。

大数据与人工智能技术在海洋电磁计算领域的渗透融合正日益加深。在机器学习和数据挖掘方面，面对海洋电磁计算过程中产生的海量数据，传统的数据处理方式已显得力不从心。而机器学习和数据挖掘技术则能够从这些看似杂乱无章的数据中挖掘出隐藏的规律与有价值的信息，从而显著提高数据解释的准确性和效率，为后续的决策与分析提供有力支持。实时数据处理技术的发展更是满足了现代海洋电磁勘探对动态响应能力的高要求，通过实现在线监测和实时反馈，能够在第一时间捕捉到海洋电磁环境的变化情况，及时调整勘探策略或设备参数，大大提高了海洋电磁勘探的灵活性与适应性。

综合地球物理方法的兴起标志着海洋电磁计算走向多学科交叉融合的新阶段。多物理场耦合技术将电磁勘探与地震勘探、重力勘探等其他地球物理方法有机结合，充分发挥各方法的优势，实现信息的互补与协同。电磁勘探对地下介质的电学特性敏感，而地震勘探则侧重于地质结构的弹性波响应，二者结合能够更全面、深入地了解海底结构与资源分布情况，从而显著提高勘探精度。多尺度模拟方法则从微观和宏观两个尺度入手，微观尺度下能够细致地分析物质的电磁特性与微结构的相互作用，宏观尺度上则对大规模的海底地貌与资源分布进行整体把握，二者相辅相成，为海底资源的精准勘探与开发提供了全面的视角。

新型传感器与测量技术的研发为海洋电磁计算提供了更优质的数据来源。高精度传感器不断涌现，它们凭借出色的精度和抗干扰能力，能够在复杂多变的海洋环境中稳定、准确地采集电磁数据，从源头上提高了数据采集的质量，为后续的计算与分析奠定了坚实的基础。无人潜航器(AUV)的应用则极大地拓展了数据采集的范围与效率，它能够深入深海区域，到达传统测量手段难以企及的地方，获取更为全面、丰富的数据，为海洋电磁计算提供了更广阔的视野与更翔实的数据支撑。

软件平台与开放工具的发展则致力于构建一个开放、共享、高效的海洋电磁计算生态系统。开源软件平台的兴起打破了技术壁垒，促进了全球范围内的技术交流与合作。不同地区、不同研究机构的科研人员能够在开源平台上共享代码、交流经验、共同开发，极大地提高了研究效率，加速了海洋电磁计算技术的创新与推广。用户友好界面的设计则降低了技术门槛，使得更多研究人员和工程师能够轻松上手使用先进的电磁计算工具，不再受困于复杂的软件操作，从而吸引了更多的人才投身于海洋电磁计算领域，进一步推动了该领域的发展。

综上所述，海洋电磁计算正沿着高精度、高效率、智能化和综合化的方向稳步前行。通过持续不断的创新与技术进步，未来的海洋电磁勘探必将展现出更加精准、高效的特性，为海底资源开发和环境保护等诸多重要领域提供不可或缺且强有力的技术支持，在全球海洋战略布局中发挥日益关键的作用，也为人类对海洋奥秘的深入探索开辟更为广阔的道路。

思 考 题

5.1 计算电磁学中数值分析方法的基本原理是什么？

5.2 什么是时域有限差分法？其原理和特点是什么？

5.3 什么是计算域和网格划分？计算域和网格划分的确定对于电磁数值计算起到什么样的作用？

5.4 海洋电磁学中的数值计算方法的发展面临哪些挑战？

参 考 文 献

陈芸, 1990. 海洋电磁学[J]. 物理, 19(9): 531-534.
葛德彪, 闫玉波. 2011. 电磁波时域有限差分方法[M]. 3 版. 西安: 西安电子科技大学出版社.
关文涛, 赵晔, 任新成, 2021. 不同波段下海面电磁散射特性的研究[J]. 延安大学学报(自然科学版), 40(4): 66-70, 74.
郭立新, 徐燕, 吴振森, 2005. 分形粗糙海面高斯波束散射特性模拟[J]. 电子学报, 33(3): 534-537.
过杰, 2006. 海面粗糙度及其提取与应用的研究[D]. 青岛: 中国海洋大学.
焦其祥, 2007. 电磁场与电磁波[M]. 北京: 科学出版社.
KRAUS J D, MARHEFKA R J, 2005. 天线[M]. 3 版. 章文勋, 译. 北京: 电子工业出版社.
李金星, 2019. 面向应用的海面场景电磁散射模型研究[D]. 西安: 西安电子科技大学.
李琦, 2015. 粗糙海面微波电磁散射及传播模型研究[D]. 哈尔滨: 哈尔滨工程大学.
刘艳蓉, 2022. 水下激光通信信道散射模型与时延特性研究[D]. 西安: 西安理工大学.
柳建新, 郭天宇, 王博琛, 等, 2021. 油气勘探中海洋电磁技术的研究进展[J]. 石油物探, 60(4): 527-538.
栾秀珍, 王钟葆, 傅世强, 等, 2022. 微波技术与微波器件[M]. 2 版. 北京: 清华大学出版社.
吕俊军, 陈凯, 苏建业, 等. 2020. 海洋中的电磁场及其应用[M]. 上海: 上海科学技术出版社.
倪光正, 杨仕友, 钱秀英, 等. 2004. 工程电磁场数值计算[M]. 北京: 机械工业出版社.
POZAR D M, 2019. 微波工程[M]. 4 版. 谭云华, 周乐柱, 吴德明, 等译. 北京: 电子工业出版社.
戚海员, 2017. 水下低频电磁波传播与内波海面电磁散射研究[D]. 西安: 西安电子科技大学.
STULL R B, 1991. 边界层气象学导论[M]. 徐静琦, 杨殿荣, 译. 青岛: 青岛海洋大学出版社.
童剑, 2018. 粗糙海面及其复杂环境下的电磁散射计算与应用研究[D]. 武汉: 华中科技大学.
王秉中, 2002. 计算电磁学[M]. 北京: 科学出版社.
王俊, 2019. 水下窄带高速电磁波通信技术研究[D]. 长沙: 国防科技大学.
王杨婧, 2012. 水下大型目标的磁探测研究[D]. 西安: 西安电子科技大学.
王英, 顾健, 2016. 海面电波反射特性研究与仿真分析[J]. 电子设计工程, 24(5): 113-115, 119.
王岳, 2011. 用于水下射频通信的环形天线研究[D]. 大连: 大连理工大学.
王长清, 2005. 现代计算电磁学基础[M]. 北京: 北京大学出版社.
文圣常, 余宙文, 1984. 海浪理论与计算原理[M]. 北京: 科学出版社.
谢处方, 饶克谨, 2006. 电磁场与电磁波[M]. 4 版. 北京: 高等教育出版社.
杨雪霞, 房梓轩, 2021. 微波技术基础[M]. 3 版. 北京: 清华大学出版社.
仪青帝, 2015. 海域电磁波传播模型研究[D]. 海口: 海南大学.
余晓德, 2021. 电磁波跨海水-空气界面传播特性理论研究[D]. 哈尔滨: 哈尔滨工业大学.
张熠, 2022. 海洋可控源电磁数据的消噪及定性分析技术研究[D]. 长春: 吉林大学.
张玉, 2004. FDTD 与矩量法的关键技术及并行电磁计算应用研究[D]. 西安: 西安电子科技大学.
张自力, 2009. 海洋电磁场的理论及应用研究[D]. 北京: 中国地质大学.
赵晔, 2016. 海面与舰船目标电磁散射的建模方法研究[D]. 西安: 西安电子科技大学.
浙江大学物理教研室, 1977. 电磁振荡与电磁波[M]. 2 版. 北京: 人民教育出版社.
CHEN Q R, MA S Q, ZHANG L L, et al., 2024. 3-D marine CSEM forward modeling in anisotropic media using a space-wavenumber domain integral equation method[J]. IEEE geoscience and remote sensing letters, 21: 7503505.
CHEN X X, WU J J, GUO X, 2022. Prediction of sea clutter characteristics by deep neural networks using marine environmental factors[J]. Environment, development and sustainability, 15: 3234.
ELFOUHAILY T, CHAPRON B, KATSAROS K, et al, 1997. A unified directional spectrum for long and short wind-

driven waves[J]. Journal of geophysical research: oceans, 102(C7): 15781-15796.

ELLISON W, BALANA A, DELBOS G, et al., 1998. New permittivity measurements of seawater[J]. Radio science, 33(3): 639-648.

FUNG A, LEE K, 1982. A semi-empirical sea-spectrum model for scattering coefficient estimation[J]. IEEE journal of oceanic engineering, 7(4): 166-176.

IGEL H, RIOLLET B, MORA P, 1999. Accuracy of staggered 3-D finite-difference grids for anisotropic wave propagation. SEG technical program expanded abstracts, 11(1): 1410.

JIN Y Q, LI Z, 2002. Bistatic scattering and transmitting through a fractal rough dielectric surface using the forward and backward method with spectrum acceleration algorithm (FBM/SAA)[J]. Journal of electromagnetic waves and applications, 16(4): 551-572.

KLEIN L, SWIFT C, 1977. An improved model for the dielectric constant of sea water at microwave frequencies[J]. IEEE transactions on antennas and propagation, 25(1): 104-111.

LIU Q H, WENG F Z, ENGLISH S J, 2011. An improved fast microwave water emissivity model[J]. IEEE transactions on geoscience and remote sensing, 49(4): 1238-1250.

LIU Z, WANG X C, 2020. FDTD numerical calculation of shielding effectiveness of electromagnetic shielding fabric based on warp and weft weave points[J]. IEEE transactions on electromagnetic compatibility, 62(5): 1693-1702.

MEISSNER T, WENTZ F J, 2004. The complex dielectric constant of pure and sea water from microwave satellite observations[J]. IEEE transactions on geoscience and remote sensing, 42(9): 1836-1849.

MIN R, LIU Z Y, PEREIRA L, et al., 2021. Optical fiber sensing for marine environment and marine structural health monitoring: a review[J]. Optics & laser technology, 140: 107082.

NGHE L, 2020. Numerical simulation analysis of extrusion shield tunnel construction process based on virtual reality[C]//2020 IEEE international conference on industrial application of artificial intelligence (IAAI). Harbin: 309-315.

NYQVIST D, DURIF C, JOHNSEN M G, et al., 2020. Electric and magnetic senses in marine animals, and potential behavioral effects of electromagnetic surveys[J]. Marine environmental research, 155: 104888.

PARK G J, SON B, SEO S, et al., 2018. Compensation strategy of the numerical analysis in frequency domain on induction motor considering magnetic flux saturation[J]. IEEE transactions on magnetics, 54(3): 8201604.

RICE S O, 1951. Reflection of electromagnetic waves from slightly rough surfaces[J]. Communications on pure and applied mathematics, 4(2/3): 351-378.

SEMYONOV B I, 1966. Approximate computation of scattering of electromagnetic waves by rough surface contours[J]. Radio engineering and electronics physics, 11(8): 1179-1187.

STOGRYN A P, BULL H T, RUBAYI K, 1995. The microwave permittivity of sea and fresh water[M]. Azusa: GenCorp Aerojet.

TAFLOVE A, HAGNESS S C. 2000. Computational electrodynamics: the finite-difference time-domain method[M]. London: Artech House.

THOMA P, WEILAND T, 1996. A consistent subgridding scheme for the finite difference time domain method[J]. International journal of numerical modelling: electronic networks, devices and fields, 9(5): 359-374.

WANG J N, XU X J, 2016. Doppler simulation and analysis for 2-D sea surfaces up to ku-band[J]. IEEE transactions on geoscience and remote sensing, 54(1): 466-478.

XIA M Y, CHAN C H, 2003. Parallel analysis of electromagnetic scattering from random rough surfaces[J]. Electronics letters, 39(9): 710-712.

YU W H, MITTRA R, 1999. A new subgridding method for the finite-difference time-domain (FDTD) algorithm[J]. Microwave and optical technology letters, 21(5): 330-333.

附录　海洋电磁学中常用的数学知识

一、矢量恒等式

1. 矢量和与积

$$A + B = B + A$$

$$A \cdot B = B \cdot A$$

$$A \cdot A = |A|^2 = A^2$$

$$A \times B = -B \times A$$

$$(A + B) \cdot C = A \cdot C + B \cdot C$$

$$(A + B) \times C = A \times C + B \times C$$

$$A \cdot (B \times C) = B \cdot (C \times A) = (A \times B) \cdot C$$

$$A \times (B \times C) = (A \cdot C)B - (A \cdot B)C$$

$$(A \times B) \cdot (C \times D) = A \cdot B \times (C \times D) = (A \cdot C)(B \cdot D) - (B \cdot C)(A \cdot D)$$

$$(A \times B) \times (C \times D) = \left[(A \times B) \cdot D\right]C - \left[(A \times B) \cdot C\right]D$$

2. 矢量微分

$$\nabla \cdot (\nabla \times A) = 0$$

$$\nabla \times \nabla \phi = 0$$

$$\nabla (\varphi + \psi) = \nabla \varphi + \nabla \psi$$

$$\nabla (\varphi \psi) = \varphi \nabla \psi + \psi \nabla \varphi$$

$$\nabla \cdot (A + B) = \nabla \cdot A + \nabla \cdot B$$

$$\nabla \times (A + B) = \nabla \times A + \nabla \times B$$

$$\nabla \cdot (\varphi A) = A \cdot \nabla \varphi + \varphi \nabla \cdot A$$

$$\nabla \times (\varphi A) = \varphi \nabla \times A + \nabla \varphi \times A$$

$$\nabla (A \cdot B) = (A \cdot \nabla)B + (B \cdot \nabla)A + A \times (\nabla \times B) + B \times (\nabla \times A)$$

$$\nabla \cdot (A \times B) = B \cdot (\nabla \times A) - A \cdot (\nabla \times B)$$

$$\nabla \times (A \times B) = A(\nabla \cdot B) - B(\nabla \cdot A) + (\nabla \cdot A)B - (\nabla \cdot B)A$$

$$\nabla \times \nabla \times A = \nabla (\nabla \cdot A) - \nabla^2 A$$

3. 矢量积分

$$\oint_{\partial V} \boldsymbol{A} \cdot \mathrm{d}\boldsymbol{l} = \int_S (\nabla \times \boldsymbol{A}) \cdot \mathrm{d}\boldsymbol{S}$$

$$\oint_S \boldsymbol{A} \cdot \mathrm{d}\boldsymbol{S} = \int_V (\nabla \cdot \boldsymbol{A}) \mathrm{d}V$$

$$\oint_S (\boldsymbol{e}_n \times \boldsymbol{A}) \cdot \mathrm{d}\boldsymbol{S} = \int_V (\nabla \times \boldsymbol{A}) \mathrm{d}V$$

$$\oint_S \psi \mathrm{d}\boldsymbol{S} = \int_V \nabla \psi \mathrm{d}V$$

$$\oint_l \psi \mathrm{d}\boldsymbol{l} = \oint_S \boldsymbol{e}_n \times \nabla \psi \mathrm{d}l$$

二、正交曲面坐标系

1. 矢量的表示

直角坐标系表示： $\boldsymbol{A} = \boldsymbol{e}_x A_x + \boldsymbol{e}_y A_y + \boldsymbol{e}_z A_z$

圆柱坐标系表示： $\boldsymbol{A} = \boldsymbol{e}_r A_r + \boldsymbol{e}_\phi A_\phi + \boldsymbol{e}_z A_z$

球坐标系表示： $\boldsymbol{A} = \boldsymbol{e}_r A_r + \boldsymbol{e}_\theta A_\theta + \boldsymbol{e}_\phi A_\phi$

2. 坐标变换

直角坐标系与圆柱坐标系：

$$\begin{bmatrix} A_x \\ A_y \\ A_z \end{bmatrix} = \begin{bmatrix} \cos\phi & -\sin\phi & 0 \\ \sin\phi & \cos\phi & 0 \\ 0 & 0 & 1 \end{bmatrix} \begin{bmatrix} A_r \\ A_\phi \\ A_z \end{bmatrix}$$

$$\begin{bmatrix} A_r \\ A_\phi \\ A_z \end{bmatrix} = \begin{bmatrix} \cos\phi & \sin\phi & 0 \\ -\sin\phi & \cos\phi & 0 \\ 0 & 0 & 1 \end{bmatrix} \begin{bmatrix} A_x \\ A_y \\ A_z \end{bmatrix}$$

直角坐标系与球坐标系：

$$\begin{bmatrix} A_x \\ A_y \\ A_z \end{bmatrix} = \begin{bmatrix} \sin\theta\cos\phi & \cos\theta\cos\phi & -\sin\phi \\ \sin\theta\sin\phi & \cos\theta\sin\phi & \cos\phi \\ \cos\theta & -\sin\theta & 0 \end{bmatrix} \begin{bmatrix} A_r \\ A_\theta \\ A_\phi \end{bmatrix}$$

$$\begin{bmatrix} A_r \\ A_\theta \\ A_\phi \end{bmatrix} = \begin{bmatrix} \sin\theta\cos\phi & \sin\theta\sin\phi & \cos\theta \\ \cos\theta\cos\phi & \cos\theta\sin\phi & -\sin\theta \\ -\sin\phi & \cos\phi & 0 \end{bmatrix} \begin{bmatrix} A_x \\ A_y \\ A_z \end{bmatrix}$$

圆柱坐标系与球坐标系：

$$\begin{bmatrix} A_r \\ A_\phi \\ A_z \end{bmatrix} = \begin{bmatrix} \sin\theta & \cos\theta & 0 \\ 0 & 0 & 1 \\ \cos\theta & -\sin\theta & 0 \end{bmatrix} \begin{bmatrix} A_r \\ A_\theta \\ A_\phi \end{bmatrix}$$

$$\begin{bmatrix} A_r \\ A_\theta \\ A_\phi \end{bmatrix} = \begin{bmatrix} \sin\theta & 0 & \cos\theta \\ \cos\theta & 0 & -\sin\theta \\ 0 & 1 & 0 \end{bmatrix} \begin{bmatrix} A_r \\ A_\phi \\ A_z \end{bmatrix}$$

3. 微分运算

直角坐标系：

$$\nabla\phi = \boldsymbol{e}_x \frac{\partial \phi}{\partial x} + \boldsymbol{e}_y \frac{\partial \phi}{\partial y} + \boldsymbol{e}_z \frac{\partial \phi}{\partial z}$$

$$\nabla \cdot \boldsymbol{A} = \frac{\partial A_x}{\partial x} + \frac{\partial A_y}{\partial y} + \frac{\partial A_z}{\partial z}$$

$$\nabla \times \boldsymbol{A} = \boldsymbol{e}_x \left(\frac{\partial A_z}{\partial y} - \frac{\partial A_y}{\partial z} \right) + \boldsymbol{e}_y \left(\frac{\partial A_x}{\partial z} - \frac{\partial A_z}{\partial x} \right) + \boldsymbol{e}_z \left(\frac{\partial A_y}{\partial x} - \frac{\partial A_x}{\partial y} \right)$$

$$\nabla^2 \phi = \frac{\partial^2 \phi}{\partial x^2} + \frac{\partial^2 \phi}{\partial y^2} + \frac{\partial^2 \phi}{\partial z^2}$$

$$\nabla^2 \boldsymbol{A} = \boldsymbol{e}_x \nabla^2 A_x + \boldsymbol{e}_y \nabla^2 A_y + \boldsymbol{e}_z \nabla^2 A_z$$

圆柱坐标系：

$$\nabla\phi = \boldsymbol{e}_r \frac{\partial \phi}{\partial r} + \boldsymbol{e}_\varphi \frac{1}{r} \frac{\partial \phi}{\partial \varphi} + \boldsymbol{e}_z \frac{\partial \phi}{\partial z}$$

$$\nabla \cdot \boldsymbol{A} = \frac{1}{r} \frac{\partial}{\partial r}(rA_r) + \frac{1}{r} \frac{\partial A_\varphi}{\partial \varphi} + \frac{\partial A_z}{\partial z}$$

$$\nabla \times \boldsymbol{A} = \boldsymbol{e}_r \left(\frac{1}{r} \frac{\partial A_z}{\partial \varphi} - \frac{\partial A_\varphi}{\partial z} \right) + \boldsymbol{e}_\varphi \left(\frac{\partial A_r}{\partial z} - \frac{\partial A_z}{\partial r} \right) + \boldsymbol{e}_z \left(\frac{\partial A_\varphi}{\partial r} - \frac{1}{r} \frac{\partial A_r}{\partial \varphi} \right)$$

$$\nabla^2 \phi = \frac{1}{r} \frac{\partial}{\partial r}\left(r \frac{\partial \phi}{\partial r} \right) + \frac{1}{r^2} \frac{\partial^2 \phi}{\partial \varphi^2} + \frac{\partial^2 \phi}{\partial z^2}$$

$$\nabla^2 \boldsymbol{A} = \boldsymbol{e}_r \left(\nabla^2 A_r - \frac{A_r}{r^2} - \frac{2}{r^2} \frac{\partial A_\varphi}{\partial \varphi} \right) + \boldsymbol{e}_\varphi \left(\nabla^2 A_\varphi + \frac{A_\varphi}{r^2} + \frac{2}{r^2} \frac{\partial A_r}{\partial \varphi} \right) + \boldsymbol{e}_z \nabla^2 A_z$$

球坐标系：

$$\nabla\phi = \boldsymbol{e}_r \frac{\partial \phi}{\partial r} + \boldsymbol{e}_\theta \frac{1}{r} \frac{\partial \phi}{\partial \theta} + \boldsymbol{e}_\varphi \frac{1}{r\sin\theta} \frac{\partial \phi}{\partial \varphi}$$

$$\nabla \cdot \boldsymbol{A} = \frac{1}{r^2} \frac{\partial}{\partial r}(r^2 A_r) + \frac{1}{r\sin\theta} \frac{\partial}{\partial \theta}(\sin\theta \cdot A_\theta) + \frac{1}{r\sin\theta} \frac{\partial A_\varphi}{\partial \varphi}$$

$$\nabla \times \boldsymbol{A} = \boldsymbol{e}_r \left\{ \frac{1}{r\sin\theta} \left[\frac{\partial}{\partial \theta}(\sin\theta \cdot A_\varphi) - \frac{\partial A_\theta}{\partial \varphi} \right] \right\} + \boldsymbol{e}_\theta \left[\frac{1}{r\sin\theta} \frac{\partial A_r}{\partial \varphi} - \frac{1}{r} \frac{\partial}{\partial r}(rA_\varphi) \right]$$

$$+ \boldsymbol{e}_\varphi \left[\frac{1}{r} \frac{\partial}{\partial r}(rA_\theta) - \frac{1}{r} \frac{\partial A_r}{\partial \theta} \right]$$

$$\nabla^2 \phi = \frac{1}{r^2}\frac{\partial}{\partial r}\left(r^2 \frac{\partial \phi}{\partial r}\right) + \frac{1}{r^2 \sin\theta}\frac{\partial}{\partial \theta}\left(\sin\theta \frac{\partial \phi}{\partial \theta}\right) + \frac{1}{r^2 \sin^2\theta}\frac{\partial^2 \phi}{\partial \varphi^2}$$

$$\nabla^2 \boldsymbol{A} = \boldsymbol{e}_r\left(\nabla^2 A_r - \frac{2}{r^2}A_r - \frac{2}{r^2 \sin\theta}\frac{\partial A_\theta}{\partial \theta} - \frac{2}{r^2 \sin^2\theta}\frac{\partial A_\varphi}{\partial \varphi}\right) + \boldsymbol{e}_\theta\left(\nabla^2 A_\theta + \frac{2}{r^2 \sin^2\theta}\frac{\partial A_r}{\partial \theta} - \frac{A_\theta}{r^2}\right)$$

$$+ \boldsymbol{e}_\varphi\left(\nabla^2 A_\varphi + \frac{2}{r^2 \sin^2\theta}\frac{\partial A_r}{\partial \varphi} - \frac{A_\varphi}{r^2}\right)$$

三、δ 函数

1. δ 函数的定义

一维 δ 函数：

$$\int_a^b f(x)\delta(x-x')\mathrm{d}x = f(x'), \quad x' \in (a,b)$$

二维 δ 函数：

$$\int_S f(\rho)\delta(\rho-\rho')\mathrm{d}S = f(\rho'), \quad \rho' \in S$$

三维 δ 函数：

$$\int_V f(r)\delta(r-r')\mathrm{d}V = f(r'), \quad r' \in V$$

2. 奇异性

一维 δ 函数：

$$\delta(x-x') = \begin{cases} \infty, & x = x' \\ 0, & x \neq x' \end{cases}$$

二维 δ 函数：

$$\delta(\rho-\rho') = \begin{cases} \infty, & \rho = \rho' \\ 0, & \rho \neq \rho' \end{cases}$$

三维 δ 函数：

$$\delta(r-r') = \begin{cases} \infty, & r = r' \\ 0, & r \neq r' \end{cases}$$

3. 对称性

一维 δ 函数：

$$\delta(x-x') = \delta(x'-x)$$

二维 δ 函数：

$$\delta(\rho-\rho') = \delta(\rho'-\rho)$$

三维 δ 函数：

$$\delta(r-r') = \delta(r'-r)$$

4. n 维 δ 函数的表示

直角坐标系：
$$\delta(r-r') = \delta(x-x')\delta(y-y')\delta(z-z')$$

圆柱坐标系：
$$\delta(\rho-\rho') = \frac{\delta(\rho-\rho')\delta(\varphi-\varphi')\delta(z-z')}{\rho}$$

球坐标系：
$$\delta(r-r') = \frac{\delta(r-r')\delta(\theta-\theta')\delta(\varphi-\varphi')}{r^2 \sin\theta}$$

四、Bessel 函数

1. 方程及定义

Bessel 方程为
$$x^2 \frac{d^2 B}{dx^2} + x \frac{dB}{dx} + (k^2 x^2 - m^2)B = 0$$

其解为第一类 Bessel 函数 $J_m(x)$：
$$J_m(x) = \sum_{n=0}^{\infty} \frac{(-1)^n}{\Gamma(n+1)\Gamma(m+n+1)} \left(\frac{x}{2}\right)^{m+2n}$$

式中，Γ 函数为
$$\Gamma(\alpha) = \int_0^{\infty} x^{\alpha-1} e^{-x} dx, \quad \alpha > 0$$

当 m 不为整数时，上述方程另一个线性无关的解为 $J_{-m}(x)$。当 m 为整数时，由于 $J_{-m}(x) = (-1)^m J_m(x)$，则另一个线性无关的解应为第二类 Bessel 函数：
$$N_m(x) = \frac{\cos(m\pi)J_m(x) - J_{-m}(x)}{\sin(m\pi)}$$

第三类 Bessel 函数的定义为
$$H_m^{(1)}(x) = J_m(x) + jN_m(x)$$
$$H_m^{(2)}(x) = J_m(x) - jN_m(x)$$

2. 渐近公式

当 $x \gg 1, x \gg m$ 时，有
$$J_m(x) \sim \sqrt{\frac{2}{\pi x}} \cos\left(x - \frac{2m+1}{4}\pi\right)$$
$$N_m(x) \sim \sqrt{\frac{2}{\pi x}} \sin\left(x - \frac{2m+1}{4}\pi\right)$$

$$H_m^{(1)}(x) \sim \sqrt{\frac{2}{\pi x}} e^{j\left(x - \frac{2m+1}{4}\pi\right)}$$

$$H_m^{(2)}(x) \sim \sqrt{\frac{2}{\pi x}} e^{-j\left(x - \frac{2m+1}{4}\pi\right)}$$

当 $x \to 0$ 时，有

$$J_m(x) \to \frac{1}{\Gamma(m+1)}\left(\frac{x}{2}\right)^m, \quad m \neq -1, -2, \cdots$$

$$N_m(x) \to \frac{(m-1)!}{\pi}\left(\frac{2}{x}\right)^m, \quad m = 1, 2, \cdots$$

$$H_m^{(1)}(x) \to j\frac{\Gamma(m)}{\pi}\left(\frac{2\pi}{x}\right)^m, \quad m > 0$$

$$H_m^{(2)}(x) \to -j\frac{\Gamma(m)}{\pi}\left(\frac{2\pi}{x}\right)^m, \quad m > 0$$

3. 递推公式

$$\frac{dB_0(x)}{dx} = -B_1(x)$$

$$\frac{2m}{x}B_m(x) = B_{m-1}(x) + B_{m+1}(x)$$

$$x\frac{dB_m(x)}{dx} = mB_m(x) - xB_{m+1}(x)$$
$$= xB_{m-1}(x) - mB_m(x)$$

$$2\frac{dB_m(x)}{dx} = B_{m-1}(x) - B_{m+1}(x)$$

$$\frac{d}{dx}\left[x^m B_m(x)\right] = x^m B_{m-1}(x)$$

$$\frac{d}{dx}\left[x^{-m} B_m(x)\right] = -x^{-m} B_{m+1}(x)$$

$$\int x B_0(x) dx = x B_1(x)$$

$$\int x B_m^2(x) dx = \frac{x^2}{2}\left[B_m^2(x) - B_{m-1}(x)B_{m+1}(x)\right]$$